機械システム学のための
数値計算法
― MATLAB版 ―

工学博士 平井 慎一 【著】

コロナ社

ま え が き

　本書の目的は，機械システムにかかわる数学的な問題を数値的に解くときに有用な数値計算アルゴリズムを紹介することである。現代の工学ではコンピュータが駆使され，さまざまな数値計算が実行されている。ただし，工学の分野によって必要とされる数値計算アルゴリズムは少しずつ異なる。本書では，機械システム学における数値計算アルゴリズムを対象とし，その原理を説明するとともに，数値計算のためのソフトウェアである MATLAB を用いた実際の計算方法を述べる。

　本書は，2008 年に発刊された前著『機械システム学のための数値計算法』の改訂版である。前著の発刊から 10 年以上が経過し，コンピュータならびに数値計算の環境が大きく変わった。数値計算のためのソフトウェアが普及し，特に MATLAB はさまざまな分野の数値計算に用いられている。このような経緯に鑑み，MATLAB を用いることを前提にして本書を執筆し，サンプルプログラムを別途 Web 上に用意した†。一方，数値計算アルゴリズムの原理の説明は，ソフトウェアに依存しない一般的な形で進めており，MATLAB を使わない場合も参考になると思う。

　機械システムにかかわるいくつかの数値計算法は，機械力学を支えるさまざまな原理と密接に結びついている。例えば，常微分方程式の数値解法である制約安定化法は，制約を有する系のラグランジュの力学と密接に結びついている。偏微分方程式の数値解法である有限要素法は，弾性体の静力学の変分原理や動力学の変分原理をもとに導くことができる。得られた式を解くときには，非線形最適化や常微分方程式の数値解法を用いる。そこで，機械システムの例や機械力学の原理に結びつけて，このような数値計算アルゴリズムを説明することを試

---

† 本書の書籍詳細ページ（https://www.coronasha.co.jp/np/isbn/9784339061192/）を参照してください（コロナ社 Web ページから書名検索でもアクセス可能）。

みる。本書では，可能な限り具体的な数値例を用いて説明し，抽象的な記号で説明することは極力抑えた。章末問題は，本文で解説した事項の演習のみならず発展的な内容やMATLABを用いた計算を含んでいるので，目を通して欲しい。

なぜ数値計算の手法を学ぶ必要があるのであろうか。われわれの多くは数値計算を使うユーザであり，数値計算の手法の研究者ではない。それでも数値計算の手法を学ぶ必要があるのは，道具の原理を知っているほど適切かつ効果的に道具を使いこなすことができるからである。まず，数値計算アルゴリズムを理解していると，問題を解くためにはなにをどこまで定式化すればよいかがわかる。例えば，制約を有する常微分方程式を数値的に解く場合，制約安定化法を知っていると，制約を解いて常微分方程式に代入するという計算が不要になる。機械システムの定式化においては，制約を有する常微分方程式に帰着する場合が多く，制約を有する常微分方程式の数値解法を理解していると，問題を容易に解くことができる。また，数値計算のためのソフトウェアを使って得た数値解が正しいか誤っているかは，ユーザが判断しなくてはならない。アルゴリズムの原理，その長所や短所を理解していると，数値解が正しいか誤っているかの判断，数値解が誤っている場合の対処が可能になる。さらにはハードウェアによって適切なアルゴリズムが異なる。数値計算を実行するハードウェアには，単一のCPUのみならず，複数のCPUを接続したクラスタシステム，VLSI上に実装した論理回路など，いくつかの選択肢がある。ハードウェアに適したアルゴリズムを選択するためには，アルゴリズムの原理，長所や短所を理解しておく必要がある。

著者は機械システムの研究者であり，数値計算アルゴリズムのユーザであるが，数値計算法は専門としていない。機械システムにかかわる数値計算アルゴリズムの紹介という，本書の目的が満たされているかどうかは，読者の方々のご判断を仰ぎたい。

最後に，著者をつねに温かく見守ってくれた妻と，著者に元気を与え続けてくれた子供たちに感謝する。

2019年9月

著　者

目　　　　次

1.　数 値 計 算 と は……………………………　*1*

2.　MATLAB

2.1　行列とベクトル………………………………………　*4*

2.2　常微分方程式…………………………………………　*6*

2.3　最　　適　　化………………………………………　*8*

2.4　パラメータの受渡し…………………………………　*10*

2.5　乱　　　　　数………………………………………　*11*

章　末　問　題……………………………………………　*12*

3.　常 微 分 方 程 式

3.1　常微分方程式の標準形………………………………　*15*

3.2　常微分方程式の数値解法……………………………　*19*

3.3　制 約 安 定 化 法………………………………………　*23*

3.4　パフィアン制約の安定化……………………………　*26*

章　末　問　題……………………………………………　*29*

4.　連 立 一 次 方 程 式

4.1　ガウスの消去法と LU 分解…………………………　*32*

4.2　LU分解の計算………………………………………　*38*

4.3　ピボット選択と置換行列……………………………　*42*

iv　目　　　　次

4.4　冗長な連立一次方程式 ……………………………… 47
章 末 問 題 ……………………………………………… 50

5.　射　　　　影

5.1　正規方程式と射影行列 ………………………………… 52
5.2　正 規 直 交 系 …………………………………………… 57
5.3　グラム・シュミットの直交化と QR 分解 …………… 58
5.4　ノ ル ム 最 小 解 ………………………………………… 61
章 末 問 題 ……………………………………………… 62

6.　補　　　　間

6.1　区 分 線 形 補 間 ………………………………………… 65
6.2　スプライン補間 ………………………………………… 70
章 末 問 題 ……………………………………………… 74

7.　変　分　原　理

7.1　静力学の変分原理と最適化 …………………………… 77
7.2　制約を有する系における静力学 ……………………… 79
7.3　動力学の変分原理と常微分方程式 …………………… 81
7.4　制約を有する系における動力学 ……………………… 83
章 末 問 題 ……………………………………………… 85

8.　非 線 形 最 適 化

8.1　ネルダー・ミード法 …………………………………… 89
8.2　乗　数　法 ………………………………………………… 94
章 末 問 題 ……………………………………………… 100

9. 有限要素法

9.1 ビームの静力学における一次元有限要素法 ······························ *102*
9.2 ビームの動力学における一次元有限要素法 ······························ *109*
9.3 二次元有限要素法 ·· *112*
9.4 動的な二次元変形 ·· *120*
9.5 非 弾 性 変 形 ·· *121*
章 末 問 題 ·· *125*

10. 乱　　　数

10.1 確率変数と確率分布 ··· *129*
10.2 モンテカルロ法 ··· *131*
章 末 問 題 ·· *134*

引用・参考文献 ··· *135*
章末問題解答 ··· *137*
索　　　　引 ··· *178*

　MATLAB は MathWorks, Inc. の登録商標です。本書では，MATLAB およびその他の製品名に ™, ® マークは明記しておりません。

　本書を発行するにあたって，記載内容に誤りがないように可能な限り注意を払いましたが，本書の内容を適用した結果生じたこと，また，適用できなかったことに関して，著者，出版社とも一切の責任は負いませんのでご了承ください。

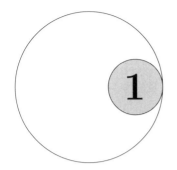

1 数値計算とは

本書では,機械システムにかかわる数学的な問題を数値的に解くときに有用な数値計算アルゴリズムを紹介する.微分方程式 $\mathrm{d}x/\mathrm{d}t = -2x$ を例として,**解析的に解く**ことと**数値的に解く**ことの違いを述べよう.この微分方程式は,式の変形を通して解くことができ,$x(t) = x(0)e^{-2t}$ という解を得ることができる.これは微分方程式を解析的に解くことに相当し,$x(0)e^{-2t}$ を微分方程式 $\mathrm{d}x/\mathrm{d}t = -2x$ の**解析解**(analytical solution)と呼ぶ.一方,微分方程式の初期値を $x(0) = 1.00$ と定め,オイラー法(3.2節)と呼ばれるアルゴリズムを用いると,時刻 t と変数 x の値を例えば

t	x	t	x
0.000 000	1.000 000	0.600 000	0.300 833
0.200 000	0.670 052	0.800 000	0.201 573
0.400 000	0.448 969	1.000 000	0.135 065

と計算することができる.これは微分方程式を数値的に解くことに相当し,このような数値の列を微分方程式 $\mathrm{d}x/\mathrm{d}t = -2x$ の**数値解**(numerical solution)と呼ぶ.微分方程式は,力学の運動方程式や電気回路の方程式などに現れ,工学を支える重要な数学基盤である.残念ながら,ほとんどの微分方程式は解析的には解けない.すなわち,解析的に解くことができる微分方程式は理想的な状態を扱っている一部の微分方程式に限られており,解析的に解くことができないほとんどの微分方程式は数値的に解かざるを得ない.例えば,万有引力に従う 2 個の物体(例えば太陽と地球)の運動は,個々の物体の運動方程式を解

2   1. 数 値 計 算 と は

析的に解くことにより求めることができる。しかしながら，万有引力に従う3
個の物体（例えば太陽，地球，月）の運動は，解析的に求めることができないこ
とがわかっている（三体問題）。したがって，万有引力に従う3個以上の物体の
運動を求めるときには，個々の物体の運動方程式を数値的に解いて，数値的な
解を計算する必要がある。全地球測位システム（global positioning system：
GPS）は，地球のまわりを回る人工衛星に支えられており，人工衛星の運動を
計算することは GPS の基礎となる。人工衛星には，地球や月からの万有引力
が作用するため，人工衛星の運動を計算するときには数値計算が必要である。

　数値計算アルゴリズムは実数を対象としている。数値計算をコンピュータ上
で実行する場合には，有限語長で実数を表す。現在の標準である IEEE 754 と
いう規格では，倍精度実数を仮数部 53 ビット，指数部 11 ビットの合計 8 バイ
トで表す。したがって，コンピュータ上では，無理数はもちろんのこと，2 進
数で循環小数となる有理数は，倍精度実数では丸められて近似的に表される。
したがって，有限語長で数値を表すことに起因する**計算誤差**（computational
error）の問題は，数値計算では不可避である。また，アルゴリズムを実行する
ために必要な時間やメモリの量は，アルゴリズムによって異なる。解析的に有
効な手法が数値計算上は実質的に計算が不可能という場合もある。これらは**計
算の複雑性**（computational complexity）に関する理論の対象である。

　本書の構成を述べよう。2 章では，数値計算のためのソフトウェアである
MATLAB におけるプログラミングを紹介する。特に，行列とベクトルの記述，
常微分方程式の数値解法，最適化，乱数に関するプログラムを紹介する。3 章
では常微分方程式の数値解法を述べる。常微分方程式は，機械電気システムの
挙動のモデリングにおいて多用される数学的ツールであり，常微分方程式を数
値的に解き，機械電気システムの挙動を調べることが一般的である。ここでは，
常微分方程式の数値解法に続いて，制約を有する微分方程式の解法を紹介する。
4 章と 5 章では連立一次方程式の解法を述べる。未知数の個数と式の個数が一
致する場合に加えて，工学の多くの分野で生じる未知数の個数より式の個数が
多い場合や，未知数の個数より式の個数が少ない場合を扱う。ここでは，連立一

次方程式の代表的な数値解法であるガウスの消去法に続いて，射影の計算法を紹介する。6章では補間について述べる。補間とは，有限個の観測値から全体の挙動を表す関数を推定する手法である。補間は有限要素法（9章）でも重要な役割を果たす。ここでは区分線形補間をはじめとして代表的な補間法を紹介する。

7章では，力学における変分原理について述べる。変分原理を用いると機械システムにおけるさまざまな課題を統一的に定式化することができ，さらに数値計算法と直接的に結びつけることができる。そこで，ここでは，静力学の変分原理と最適化手法，動力学の変分原理と常微分方程式の数値解法との結びつきを述べる。8章では非線形関数の最適化の手法を述べる。静力学の変分原理（7章）においては，関数を最大あるいは最小にするという形式で力学を定式化する。関数は一般に非線形であり，多くの場合に解析的に最小解や最大解を求めることが難しく，数値的に解を求める必要がある。また，幾何学的な制約を有する場合も多い。そこで，ここでは，最適化の手法と制約の扱いについて述べる。9章では，境界値問題を解くアルゴリズムである有限要素法を紹介する。有限要素法は，材料力学における変形の計算，電磁気学における電磁場の計算，音響工学における音場の計算，熱工学における熱分布の計算などに用いられている。ここでは，力学における変分原理（7章）の立場から有限要素法について述べる。10章では，確率変数を用いたノイズやパラメータ変動の表現について述べる。さらに確率変数を用いた計算法としてモンテカルロ法を紹介する。

コーヒーブレイク

計算の手順を**アルゴリズム**（algorithm）と呼ぶ。アルゴリズムという言葉は，9世紀のアラビアの数学者アルフワーリズミ（Al-Khwarizmi）の名前に由来するといわれている。二つの自然数の最大公約数を求めるユークリッドの互除法と呼ばれるアルゴリズムでは，二つの自然数の除算を行い，さらに除数を余りで割るという計算を余りが0になるまで繰り返す。最後の除数が二つの自然数の最大公約数である。ユークリッドの互除法では，被除数と除数が繰返しとともに単調に減少する。除数が1になった場合には，被除数にかかわらず余りが0であるので必ず停止する。

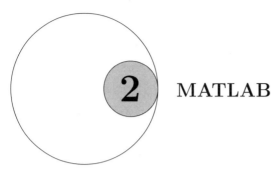

2 MATLAB

MATLABは，数値計算のためのソフトウェアである。数値計算のアルゴリズムを数式に近い形で表すことが可能である。また，多くの数値計算アルゴリズムが実装されており，工学分野で広く用いられている。本章では，MATLABのプログラミングを紹介する。

2.1 行列とベクトル

MATLABを用いると，行列やベクトルを数式に近い形式で記述することができる。例えば，つぎの記述は 3×3 行列 A を与える。

```
A = [  4, -2,  1; ...
      -2,  5,  2; ...
      -2,  3,  2 ];
```

要素を記号「,」で区切り，行を記号「;」で区切る。記号「...」は，文が続くことを表す。文の終わりは記号「;」で表す。行ベクトルは，一つの行からなる行列として

```
y = [ 2, 3, -1 ];
```

と表される。列ベクトルは，一つの列からなる行列として

```
x = [ 2; ...
      3; ...
     -1 ];
```

と表される。この列ベクトルを記号「...」を使わずに表すと

```
x = [ 2; 3; -1 ];
```

となる。

　行列，ベクトル，スカラーの加算，減算，乗算は，記号「+」，「−」，「*」で表される。例えば，p = A*x は行列 A と列ベクトル x の積を計算し，変数 p に代入する。このとき，変数 p は列ベクトルとなる。また，q = y*A は行ベクトル y と行列 A の積を計算し，変数 q に代入する。このとき変数 q は行ベクトルとなる。行列 A の転置は，A' または transpose(A) で表される。

　行と列の番号を自然数で指定して，行列の要素を参照する。例えば，行列 A の $(3, 2)$ 要素は

```
A(3,2)
```

で参照できる。行の番号のみを指定し，列の番号の部分に記号「:」を指定すると，行列の行を参照することができる。例えば，行列 A の 3 行目は

```
A(3,:)
```

で参照できる。同様に，行の番号の部分に記号「:」を指定し，列の番号のみを指定すると，行列の列を参照することができる。例えば行列 A の 2 列目は

```
A(:,2)
```

で参照できる。行や列の番号を複数個指定すると，指定した行や列からなる部分行列を参照できる。例えば

```
A([1,3],:)
```

は，行列 A の 1 行目と 3 行目からなる部分行列を表す。また

```
A(:,[2,1])
```

は，行列 A の 2 列目と 1 列目からなる部分行列を表す。記号「2:5」は，2 から 5 までの自然数 $2, 3, 4, 5$ を表す。記号「3:2:8」は，3 から間隔 2 で 8 まで

6   2. MATLAB

の自然数 3, 5, 7 を表す。したがって

```
A([2:5], [3:2:8])
```

は，行列 A の 2, 3, 4, 5 行目と 3, 5, 7 列目からなる 4 × 3 の部分行列を表す。

以上の記述を用いると，行列の基本変形を簡潔に記述することができる。例えば，行に関する基本変形は

```
A(3,:) = 5*A(3,:);              (3 行目を 5 倍する)
A(1,:) = A(1,:) + 4*A(2,:);     (1 行目に 2 行目の 4 倍を加える)
A([3,1],:) = A([1,3],:);        (1 行目と 3 行目を交換する)
```

と書くことができる。列に関する基本変形も同様の記述が可能である。

MATLAB には，連立方程式を解く演算子「\」が定義されている。正方行列 A に対して，連立一次方程式 $A\boldsymbol{x} = \boldsymbol{b}$ を解くためには

```
x = A\b;
```

と書く。このとき，係数行列 A に対して，LU 分解（4.1, 4.2 節）やコレスキー分解（4 章 章末問題【5】）が適用される。行列 A の性質がわかっている場合は，LU 分解やコレスキー分解を陽に用いるほうがよい。例えば，係数行列 A が正定対称行列の場合は

```
U = chol(A);
y = U'\b;
x = U\y;
```

を実行する。関数 chol は，与えられた行列のコレスキー分解を計算する。

2.2 常 微 分 方 程 式

MATLAB には，**常微分方程式**（ordinary differential equation：ODE）を数値的に解くアルゴリズム（ODE ソルバー）が実装されている。ファンデルポール（van der Pol）方程式

2.2 常微分方程式　　7

$$\ddot{x} - 2(1 - x^2)\dot{x} + x = 0$$

を例として，常微分方程式を数値的に解く方法を述べる。この微分方程式を標準形（3.1 節）に変換すると

$$\dot{x} = v$$
$$\dot{v} = 2(1 - x^2)v - x$$

となる。状態変数ベクトルは $\boldsymbol{q} = [x, v]^{\mathrm{T}}$ である。標準形を関数として記述する。

```
function dotq = van_der_Pol (t, q)
    x = q(1);
    v = q(2);
    dotx = v;
    dotv = 2*(1-x^2)*v - x;
    dotq = [dotx; dotv];
end
```

最初の行は，返り値，関数の名前，引数を表している。関数の名前は van_der_Pol，引数は時刻を表す t と状態変数ベクトルを表す q である。返り値 dotq は，状態変数の時間微分の値からなるベクトル $\dot{\boldsymbol{q}} = [\dot{x}, \dot{v}]^{\mathrm{T}}$ に対応する。関数の名前と同じファイル名で，この関数の記述を保存する。すなわち，ファイル van_der_Pol.m にこの関数記述を保存する。

　時刻 0 から 10 まで，固定ステップ幅 0.01 で微分方程式を数値的に解く（3.2 節）。状態変数ベクトルの初期値は $\boldsymbol{q}(0) = [2, 0]^{\mathrm{T}}$ とする。このとき，ファンデルポール方程式を数値的に解くプログラムをつぎに示す。

```
interval = 0.00:0.01:10.00;
qinit = [ 2.00; 0.00 ];
[time, q] = ode45(@van_der_Pol, interval ,qinit);
```

変数 interval に開始時刻，ステップ幅，完了時刻を，変数 qinit に初期値を指定する。関数 ode45 は常微分方程式を数値的に解く。最初の引数 @van_der_Pol は，標準形を計算する関数の名前を表す。計算結果は変数 time と q に格納さ

れる。変数 time は，時刻の列である。変数 q は，time で指定された時刻における状態変数の値の列である。この場合，変数 q の第 1 列 q(:,1) に状態変数 x の値が，第 2 列 q(:,2) に状態変数 v の値が格納される。時刻 t と変数 x の関係をグラフで表すためには，関数 plot を用いて

```
plot(time, q(:,1), '-');
```

とする (図 2.1(a))。1 番目と 2 番目の引数は，ともに列ベクトルである。列ベクトル time と q(:,1) の値を順次対応させ，グラフを描く。3 番目の引数は，グラフの線種を表す。記号「'-'」は実線，「'--'」は破線，「'-.'」は一点鎖線，「':'」は点線を意味する。同様に，時刻 t と変数 v の関係をグラフで表すことができる (図 (b))。

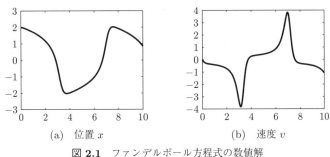

図 2.1 ファンデルポール方程式の数値解

可変ステップ幅（3.2 節）で計算するときには，変数 interval を

```
interval = [0, 10];
```

と指定する。このとき，時刻 0 から 10 までの時間区間で，ステップ幅を適応的に変えながら常微分方程式を数値的に解く。変数 time の値を見ることにより，どの時刻で状態変数の値を計算したかがわかる。

2.3 最適化

MATLAB を用いると，多変数関数の最小値を求めることができる。ローゼンブロック関数（Rosenbrock function）

$$f(x_1, x_2) = 100(x_2 - x_1^2)^2 + (1 - x_1)^2$$

の最小値を数値的に求めよう。まず、ローゼンブロック関数を記述し、ファイル Rosenbrock.m に保存する。

```
function f = Rosenbrock( x )
    x1 = x(1); x2 = x(2);
    f = 100*(x2 - x1^2)^2 + (1 - x1)^2;
end
```

変数の初期値を $[x_1, x_2]^T = [-1.2, 1.0]^T$ とする。関数の最小値を数値的に求めるプログラムをつぎに示す。

```
xinit = [ -1.2; 1.0 ];
[xmin, fmin] = fminsearch(@Rosenbrock, xinit);
```

その結果、xmin の値として列ベクトル $[1, 1]^T$、fmin の値として 0 を得る。すなわち、ローゼンブロック関数が、$[x_1, x_2]^T = [1, 1]^T$ で最小値 0 をとることがわかる。これは、解析的に得られる結果と一致する。

上記の fminsearch は、ネルダー・ミード法（8.1 節）を用いている。プログラム

```
xinit = [ -1.2; 1.0 ];
options = optimset('Display','iter');
[xmin, fmin] = fminsearch(@Rosenbrock, xinit, options);
```

を実行すると、つぎのように途中経過が出力される。

Iteration	Func-count	min f(x)	Procedure
0	1	24.2	
1	3	20.05	initial simplex
2	5	5.1618	expand
3	7	4.4978	reflect
4	9	4.4978	contract outside
5	11	4.38136	contract inside

関数 optimset を用いて最適化におけるオプションを指定している。最後の列

は，ネルダー・ミード法における操作（鏡映，縮小，拡大，内部縮小）のどれ
が実行されたかを表している。

2.4 パラメータの受渡し

常微分方程式の数値解法や最適化は，関数を引数とする。その関数が変数以
外のパラメータを含むとき，パラメータの値を受け渡す方法を述べる。例とし
て，微分方程式

$$\ddot{x} + b\dot{x} + 9x = 0$$

を考えよう。これは変数 x 以外に，パラメータ b を含む。ODE ソルバーの引
数の関数は，時刻と状態変数ベクトルのみを引数としており，パラメータ b の
値を引数で受け渡すことができない。パラメータ b の値を受け渡す方法として，
大域変数を使う方法と入れ子関数を使う方法を紹介する。

大域変数を使う方法では，ODE ソルバーを呼び出すプログラムと ODE ソル
バーの引数の関数の双方で，共通の大域変数を定義する。ODE ソルバーを呼
び出すプログラムで，大域変数に値を代入すると，その値を関数で参照できる。
関数をつぎのように書く。

```
function dotq = damped_vibration (t, q)
    global b;
    x = q(1); v = q(2);
    dotx = v; dotv = -b*v - 9*x;
    dotq = [dotx; dotv];
end
```

ODE ソルバーを呼び出すプログラムは

```
global b;
interval = [0,10];
qinit = [2.00;0.00];
b = 1.00;
[time,q] = ode45(@damped_vibration,interval,qinit);
```

とする。大域変数 b に代入した値を，関数 damped_vibration 内で参照することができる。

入れ子関数を使う方法では，時刻と状態変数ベクトルのみならずパラメータを引数とする関数を定義する。

```
function dotq = damped_vibration_param (t, q, b)
    x = q(1); v = q(2);
    dotx = v; dotv = -b*v - 9*x;
    dotq = [dotx; dotv];
end
```

この関数を直接，ODE ソルバーに渡すことはできない。そこで ODE ソルバーを呼び出すプログラム内で，パラメータを表す引数を隠した別の関数を定義し，それを ODE ソルバーに渡す。

```
interval = [0,10];
qinit = [2.00;0.00];
b = 1.00;
damped_vibration = @(t,q) damped_vibration_param (t,q,b);
[time,q] = ode45(damped_vibration,interval,qinit);
```

関数 damped_vibration の引数は，時刻 t と状態変数ベクトル q のみであり，ODE ソルバーの引数として与えることができる。また，関数 damped_vibration は，パラメータ b の値を与えているプログラム内で定義されているので，関数 damped_vibration 内では，パラメータ b の値として与えた値が用いられる。

2.5 乱　　　　数

MATLAB は，一様乱数や正規乱数を生成することができる。プログラム

```
rng('shuffle', 'twister');
for k=1:10
    x = rand;
    s = num2str(x);
```

12　　2.　MATLAB

```
    disp(s);
  end
```

を実行すると，区間 $(0, 1)$ 内の数値列が表示される。関数 rand は，区間 $(0, 1)$ の一様乱数を生成する。このプログラムを実行するたびに，異なる数値列が表示される。

　関数 rng は，乱数の生成法を定める。乱数の生成には，乱数の種を用いる。記号「'shuffle'」は，コンピュータのハードウェアの状態を用いて種を定めることを意味し，毎回異なる種が用いられる。結果として，プログラムを実行するたびに，生成される乱数が異なる。一方，乱数の種の値を陽に指定すると，同じ乱数を生成する。例えば，上記プログラムの一行目を

```
  rng(0, 'twister');
```

と修正すると，プログラムを実行するたびに同じ乱数が生成される。また，記号「'twister'」は，乱数の生成にメルセンヌ・ツイスターを用いることを表す。

章 末 問 題

【1】　列ベクトル x に対して，sin(x), x.^2 を実行せよ。関数 sin や累乗演算子「.^」が，ベクトルの各要素に作用する。したがって，列ベクトル x = [0:0.1:10]' に対応する関数の値を y = sin(x) で計算すると，plot(x,y) により関数のグラフを描くことができる。また，同じ大きさの列ベクトル x と y に対して，x.*y, x./y を実行せよ。演算子「.*」や「./」は，二つのベクトルの各要素に対して乗算や除算を計算する。

【2】　微分方程式 $\ddot{\theta} + (2\pi)^2 \theta = 0$ を固定ステップ幅 0.1, 0.01 で解き，解を比較せよ。また，可変ステップ幅で解き，ステップ幅がどのように変わるかを確認せよ。

【3】　ファンデルポール方程式を数値的に解き，変数 x と v の関係をグラフに表せ（このグラフを**位相図**（phase diagram）と呼ぶ）。

【4】　n 変数のローゼンブロック関数

$$f(x_1, x_2, \cdots, x_n) = \sum_{k=1}^{n-1} \left\{ 100(x_{k+1} - x_k^2)^2 + (1 - x_k)^2 \right\}$$

の最小値を数値的に求めよ。解析解は $[x_1, x_2, \cdots, x_n]^{\mathrm{T}} = [1, 1, \cdots, 1]^{\mathrm{T}}$ である。

【5】 体積が一定で表面積が最小の直方体を求めよう。体積を $a^3\,(a > 0)$, 直方体の三辺の長さを x, y, z で表すと、この問題は

$$\min\ \ S(x,y,z)\ =\ 2(xy + yz + zx)$$

$$\text{subject to}\ \ R(x,y,z) \overset{\triangle}{=} xyz - a^3 = 0$$

と定式化できる。このような制約付き最小化問題を**解析的に**解く手法として、ラグランジュの未定乗数法が知られている。ラグランジュの未定乗数 λ を導入し、制約を有する最小化問題を、制約を持たない最小化問題に変換する。

$$\min\ \ I(x,y,z,\lambda) = S(x,y,z) + \lambda R(x,y,z)$$

偏微分 $\partial I/\partial x$, $\partial I/\partial y$, $\partial I/\partial z$, $\partial I/\partial \lambda$ がすべて 0 であるという条件を解くことにより、$x = y = z = a$ を得る。この式を**数値的に**解くことを試みよう。すなわち、関数 $I(x,y,z,\lambda)$ に最適化計算を適用するとき、どのような結果を得るか。

【6】 MATLAB に Optimization Toolbox が含まれる場合は、`fmincon` を用いて、制約付き最小化問題を**数値的に**解くことができる。前問【5】において $a = 5$ とする。目的関数を `area.m` に記述する。

```
function S = area ( q )
% 面積
    x = q(1); y = q(2); z = q(3);
    S = 2*(x*y+y*z+z*x);
end
```

不等式制約 $-x \leq 0$, $-y \leq 0$, $-z \leq 0$ と等式制約 $xyz - 5^3 = 0$ を `nonlcon.m` に記述する。

```
function [ ineq, cond ] = nonlcon( q )
% 制約条件
    x = q(1); y = q(2); z = q(3);
    ineq = [-x; -y; -z];
    cond = [ x*y*z - 5^3 ];
end
```

ここで

```
qinit = [1;1;1];
[qmin,smin] = fmincon(@area,qinit,[],[],[],[],[],[],@nonlcon);
```

14   2. MATLAB

を実行すると，最適解 $[5, 5, 5]^T$ と最適値 150 を得る。すなわち，$x = y = z = 5$ のとき面積は最小であり，その最小値は 150 である。

【7】 物体運動の計測をシミュレーションする。物体の運動は振幅 A，周波数 f，位相差 δ の正弦波で与えられる。計測値にはノイズが加わっている。これを

$$x(t) = A \sin(2\pi f t - \delta) + \varepsilon(t)$$

と表す。ここで，t は時刻，$x(t)$ は時刻 t における計測値である。変数 $\varepsilon(t)$ は時刻 t におけるノイズを表す。時刻 t を，サンプリング間隔 T で離散化する。変数 $\varepsilon(t)$ の値を，区間 $(-\alpha, \alpha)$ の一様乱数で与える。サンプリング間隔 T，正弦波の振幅 A，周波数 f，位相差 δ，一様乱数のパラメータ α を適当に定め，時刻 $0, T, 2T, 3T, \cdots$ における時刻 t と位置 $x(t)$ の値を求め，時刻 t と計測値 $x(t)$ の関係をグラフに表せ。

3 常微分方程式

機械電気システムの挙動は，常微分方程式を用いてモデリングすることができる．これは，機械システムの挙動は運動方程式という常微分方程式，電気電子システムの挙動は回路方程式という常微分方程式で定式化されることに起因する．本章では，機械電気システムの挙動を表す常微分方程式を数値的に解く手法を紹介する．

3.1 常微分方程式の標準形

図 3.1 に示す単振り子の運動をモデリングする．単振り子は先端の質量 m と長さ l の棒からなる．棒は先端の質量と比較すると十分軽く，その質量は無視できると仮定する．棒の一端は単振り子の支点 C に，他端は質量に接続されている．単振り子の振れ角を θ で表す．角度 θ が満たす回転の運動方程式を求めよう．支点 C まわりの慣性モーメントは $I = ml^2$ である．重力により支点 C

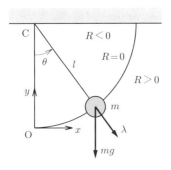

図 **3.1** 単振り子の運動

16   3. 常 微 分 方 程 式

まわりに作用するモーメントは，$-mgl\sin\theta$ で与えられる。振れ角の角加速度は $\ddot{\theta}$ であるので，支点 C まわりの回転に関する運動方程式は

$$I\ddot{\theta} \;=\; -mgl\sin\theta \tag{3.1}$$

と表される。これは変数 θ に関する 2 階の常微分方程式である。

　この運動方程式を 1 階の運動方程式に変換しよう。新しい変数 $\omega \overset{\triangle}{=} \dot{\theta}$ を導入すると式 (3.1) は

$$I\dot{\omega} \;=\; -mgl\sin\theta \tag{3.2}$$

と書き換えることができる。変数 ω は角速度を表す。新しい変数 ω の定義式と式 (3.2) の両辺を $I = ml^2$ で割った式をまとめて書くと

$$\left.\begin{array}{l} \dot{\theta} \;=\; \omega \\[4pt] \dot{\omega} \;=\; -\dfrac{g}{l}\sin\theta \end{array}\right\} \tag{3.3}$$

が得られる。式 (3.3) は，二つの変数 θ と ω に関する 1 階の微分方程式である。すなわち，1 変数 2 階の常微分方程式 (3.1) を，2 変数 1 階の常微分方程式 (3.3) に変換することができた。ここで，変数 θ と ω の値を与えると，それらの値を式 (3.3) の右辺に代入することにより，時間微分 $\dot{\theta}$ と $\dot{\omega}$ の値を計算することができる。このような常微分方程式を**標準形**（canonical form）と呼ぶ。1 階の時間微分を有し，標準形に表れる変数を**状態変数**（state variables）と呼ぶ。この例では，θ と ω が状態変数である。一般に，時刻 0 における状態変数の値を定めると，以降の時刻 t における状態変数の値を求めることができる。時刻 0 における状態変数の値を**初期値**（initial values）と呼ぶ。

　単振り子の運動を，図 3.1 に示すデカルト座標系 O–xy で定式化しよう。質点の位置を (x, y) で表す。振り子の支点 C から質点までの距離は l に等しいので，変数 x と y は制約式

$$R(x, y) \overset{\triangle}{=} \left\{x^2 + (y-l)^2\right\}^{\frac{1}{2}} - l \;=\; 0 \tag{3.4}$$

を満たさなくてはならない。制約 $R(x, y)$ は長さの次元を持ち，図 3.1 に示す円の外側で正，内側で負の値をとる。制約式 (3.4) は，系の一般化座標 x, y のみから

なる等式である。このような制約を**ホロノミック制約**（holonomic constraint）と呼ぶ。質点にはロープに沿う方向に張力が作用する。張力の方向は，制約式 $R(x, y) = 0$ が表す円軌跡に垂直な方向である。そこで，制約 $R(x, y)$ の**勾配ベクトル**（gradient vector）の要素を計算する。

$$R_x(x, y) \triangleq \frac{\partial R}{\partial x} = x\left\{x^2 + (y - l)^2\right\}^{-\frac{1}{2}}$$

$$R_y(x, y) \triangleq \frac{\partial R}{\partial y} = (y - l)\left\{x^2 + (y - l)^2\right\}^{-\frac{1}{2}}$$

勾配ベクトル $[\, R_x, \, R_y\,]^{\mathrm{T}}$ は，制約式 $R(x, y) = 0$ が表す円軌跡の外向き法線ベクトルに対応する。さらに，この勾配ベクトルの大きさは 1 であるので，張力の方向は勾配ベクトルに一致する。ロープに作用する張力の大きさを λ で表すと，質点の運動方程式は

$$\left.\begin{aligned}
m\ddot{x} &= \lambda\, R_x(x, y) \\
m\ddot{y} &= \lambda\, R_y(x, y) - mg
\end{aligned}\right\} \tag{3.5}$$

となる。新しい変数 $v_x \triangleq \dot{x}$ と $v_y \triangleq \dot{y}$ を導入すると

$$\left.\begin{aligned}
\dot{x} &= v_x \\
\dot{y} &= v_y \\
m\dot{v}_x &= \lambda\, R_x(x, y) \\
m\dot{v}_y &= \lambda\, R_y(x, y) - mg
\end{aligned}\right\} \tag{3.6}$$

が得られる。状態変数は x, y, v_x, v_y である。ただし，状態変数 x, y は制約式 (3.4) を満たさなくてはならない。また，1 階微分を有しない変数 λ は，状態変数ではない。

　自動車の運動をモデリングしよう。自動車は水平面内を運動する剛体であると仮定すると，自動車の運動は水平面内の位置と姿勢で表すことができる。図 **3.2** に示すように水平面内に座標系 O–xy を設定し，自動車の位置を (x, y) で，自動車の姿勢を θ で表す。このとき，位置の成分 x, y，姿勢 θ はたがいに独立である。すなわち自動車は，水平面内の任意の位置に任意の姿勢で到達することができる。

18   3. 常微分方程式

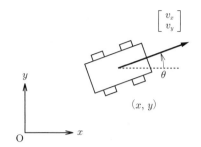

図 3.2　自動車の運動

　それでは，自動車の速度 $[v_x, v_y]^T \triangleq [\dot{x}, \dot{y}]^T$ と角速度 $\omega \triangleq \dot{\theta}$ は，独立に任意の値をとることが可能であろうか。残念ながら，速度 $[v_x, v_y]^T$ は任意の値をとることができない。自動車は前方と後方に進むことはできるが，横方向に進むことはできない。これは，速度 $[v_x, v_y]^T$ の方向は，姿勢 θ が定める方向と一致しなければならないことを意味する。ここで $\cos\theta = C_\theta$, $\sin\theta = S_\theta$ と略記すると，速度ベクトル $[v_x, v_y]^T$ と方向ベクトル $[C_\theta, S_\theta]^T$ は平行である。したがって，速度成分 $\dot{x}, \dot{y}$ と姿勢 θ は制約式

$$Q \triangleq \dot{x}S_\theta - \dot{y}C_\theta = 0 \tag{3.7}$$

を満たさなくてはならない。この制約式は速度 $\dot{x}, \dot{y}$ に関する一次式である。このような制約を**パフィアン制約**（Pfaffian constraint）と呼ぶ。また，制約式を時間積分して速度を含まない制約式を導くことはできない。このような制約を**非ホロノミック制約**（nonholonomic constraint）と呼ぶ。非ホロノミックなパフィアン制約は速度の自由度を減らす。結果として，自動車の運動は 3 個の自由度 x, y, θ を有するが，速度における自由度は 2 である。なお，非ホロノミック制約とは，系の一般化座標からなる等式で表すことができない制約の総称である。例えば，系の一般化座標からなる不等式で表される制約は非ホロノミック制約である。

　自動車の質量を m，慣性モーメントを I とする。タイヤの回転とハンドルの操作により自動車には駆動力と駆動トルクが作用するとみなし，駆動力を $[f_x, f_y]^T$，駆動トルクを τ で表す。速度に比例する粘性力が作用すると仮定

し，その比例定数を b で表す。回転運動に関しては角速度に比例する粘性トルクが作用すると仮定し，その比例定数を B で表す。このとき自動車の運動方程式は

$$
\left.
\begin{aligned}
m\dot{v}_x &= -bv_x + f_x \\
m\dot{v}_y &= -bv_y + f_y \\
I\dot{\omega} &= -B\omega + \tau
\end{aligned}
\right\} \tag{3.8}
$$

で表される。ただし，状態変数とその時間微分は制約式 (3.7) を満たさなくてはならない。

3.2 常微分方程式の数値解法

機械電気システムのモデルの多くは非線形の微分方程式であり，解析解を求めることはできない。したがって，機械電気システムの解析においては，常微分方程式を数値的に解いてその挙動を調べることが一般的である。本章では，常微分方程式を数値的に解く手法を紹介する。

時刻 t に依存する変数 x に関する常微分方程式の標準形

$$
\dot{x} = f(t, x)
$$

を数値的に解こう。微分方程式を**数値的に解く**とは，離散的な時刻 $t_n = nT$ $(n = 0, 1, 2, \cdots)$ における x の値を求めることである。ここで，T は時間間隔を表す定数であり，ステップ幅と呼ばれる。常微分方程式を数値的に解く代表的な手法として，オイラー法 (Euler method)，ホイン法 (Heun method)，ルンゲ・クッタ法 (Runge-Kutta method) がある。これらの方法は，時刻 t_n における x の値 $x_n = x(t_n)$ から時刻 t_{n+1} における x の値 $x_{n+1} = x(t_{n+1})$ を計算する漸化式を与える。したがって，常微分方程式の初期値 $x_0 = x(0)$ から始めて漸化式を繰り返し適用すると，順次 $x_n = x(nT)$ $(n = 1, 2, \cdots)$ の値を求めることができる。

20   3. 常 微 分 方 程 式

オイラー法

$$x_{n+1} = x_n + Tf(t_n, x_n) \tag{3.9}$$

ホイン法

$$\left.\begin{aligned}
x_{n+1} &= x_n + \frac{T}{2}(k_1 + k_2) \\
k_1 &= f(t_n, x_n) \\
k_2 &= f(t_n + T, x_n + Tk_1)
\end{aligned}\right\} \tag{3.10}$$

ルンゲ・クッタ法

$$\left.\begin{aligned}
x_{n+1} &= x_n + \frac{T}{6}(k_1 + 2k_2 + 2k_3 + k_4) \\
k_1 &= f(t_n, x_n) \\
k_2 &= f\left(t_n + \frac{1}{2}T, x_n + \frac{1}{2}Tk_1\right) \\
k_3 &= f\left(t_n + \frac{1}{2}T, x_n + \frac{1}{2}Tk_2\right) \\
k_4 &= f(t_n + T, x_n + Tk_3)
\end{aligned}\right\} \tag{3.11}$$

オイラー法では，t と x の一つの組 (t_n, x_n) における微係数 $f(t_n, x_n)$ から x_{n+1} を求める。ホイン法では，二つの組 (t_n, x_n) と $(t_n + T, x_n + Tk_1)$ における微係数から x_{n+1} を求める。オイラー法を 1 段解法，ホイン法を 2 段階法と呼ぶ。ルンゲ・クッタ法は 4 段階法である。ルンゲ・クッタ法における微係数の計算を図 **3.3** に示す。図に示すように k_1 から k_4 は，t と x の四つの組における微係数 $\dot{x}$ である。増分 $x_{n+1} - x_n$ は，これら四つの微係数の重み付き和で与えられる。ここで，$\dot{x}(t_n) = f(t_n, x_n)$ が成り立つことに注意すると，オイラー法の両辺はステップ幅 T に関して 1 次のオーダで一致することがわかる。また，$f = f(t_n, x_n)$，$\quad f_x = \partial f / \partial x(t_n, x_n)$，$\quad f_t = \partial f / \partial t(t_n, x_n)$ と略記し，$k_2 = f + T(f_t + f_x f)$ と $\ddot{x}(t_n) = f_t + f_x f$ が成り立つことに注意すると，ホイン法の両辺はステップ幅 T に関して 2 次のオーダで一致することがわかる。同様に，ルンゲ・クッタ法の両辺はステップ幅 T に関して 4 次のオーダで一致することが証明できる。オイラー法，ホイン法，ルンゲ・クッタ法においては，段数とオーダが一致する。一方，5 段階以上の方法では，オーダは段数に達し

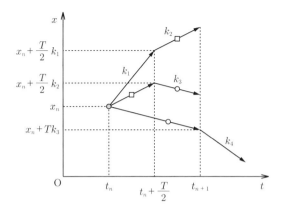

図 3.3　ルンゲ・クッタ法における微係数の計算

ないことが知られている。

　オイラー法，ホイン法，ルンゲ・クッタ法では，ステップ幅 T は一定である（固定ステップ幅）。ステップ幅の値が大きすぎると，不正確な解を生じる恐れがある。正確な解を計算するためにはステップ幅の値を小さく選ぶ必要があるが，計算時間が増大してしまう。解の正確さを向上と計算時間の短縮を両立させる手法として，ステップ幅を適応的に決定する手法がある。状態変数の値の変化が大きいときには，ステップ幅を小さくして解の正確さを向上させ，変化が小さいときにはステップ幅を大きくして計算時間を短縮する。状態変数の値の変化を調べるためには，次数の異なる二つの数値解法の結果を比較し，その違いにより状態変数の変化の程度を評価すればよい。ただし，そのためだけに次数の異なる二つの数値解法を実行すると，計算時間を短縮できない。一つの数値解法で次数の異なる解を計算することができれば，このジレンマを解決できる。ルンゲ・クッタ・フェールベルグ法[5],[6]† (Runge-Kutta-Fehlberg method) と呼ばれる公式（式 (3.12)）は，次数の異なる二つの解を構成することが可能である。

---

† 　肩付き番号は巻末の引用・参考文献番号を示す。

22   3. 常 微 分 方 程 式

ルンゲ・クッタ・フェールベルグ法

$$
\begin{aligned}
x_{n+1} &= x_n + T\left(\frac{16}{135}k_1 + \frac{6\,656}{12\,825}k_3 + \frac{28\,561}{56\,430}k_4 - \frac{9}{50}k_5 + \frac{2}{55}k_6\right) \\
k_1 &= f(t_n, x_n) \\
k_2 &= f\left(t_n + \frac{1}{4}T, x_n + \frac{T}{4}k_1\right) \\
k_3 &= f\left(t_n + \frac{3}{8}T, x_n + \frac{T}{32}(3k_1 + 9k_2)\right) \\
k_4 &= f\left(t_n + \frac{12}{13}T, x_n + \frac{T}{2\,179}(1\,932k_1 - 7\,200k_2 + 7\,296k_3)\right) \\
k_5 &= f\left(t_n + T, x_n + T\left(\frac{439}{216}k_1 - 8k_2 + \frac{3\,680}{513}k_3 - \frac{845}{4\,104}k_4\right)\right) \\
k_6 &= f\left(t_n + \frac{1}{2}T, \right. \\
&\qquad\left. x_n + T\left(-\frac{8}{27}k_1 + 2k_2 - \frac{3\,544}{2\,565}k_3 + \frac{1\,859}{4\,104}k_4 - \frac{11}{40}k_5\right)\right)
\end{aligned}
\tag{3.12}
$$

つぎのアルゴリズムにより，ステップ幅 T を適応的に更新する（可変ステップ幅）。

Step 1 式 (3.12) を用いて解 x_{n+1} を計算する。

Step 2 次式で与えられる x_{n+1}^* を計算する。

$$
x_{n+1}^* = x_n + T\left(\frac{25}{216}k_1 + \frac{1\,408}{2\,565}k_3 + \frac{2\,197}{4\,104}k_4 - \frac{1}{5}k_5\right)
\tag{3.13}
$$

Step 3 次式で表される $\hat{T}$ を計算する。

$$
\hat{T} = \alpha T\left\{\frac{\epsilon}{\|x_{n+1}^* - x_{n+1}\|}\right\}^{\frac{1}{5}}
\tag{3.14}
$$

ここで，ϵ は許容量を表す小さい正の定数，α は安全率で 0.8 から 0.9 の範囲から選ぶ。

Step 4 ステップ幅 T の値を $\hat{T}$ 以下で選ぶ。

解 x_{n+1} は，ステップ幅 T に関する 5 次のオーダの解，解 x_{n+1}^* は 4 次のオーダの解である。もし，ステップ幅 T が大きすぎるときには，二つの解 x_{n+1} と x_{n+1}^* の差が大きくなる。一方，その差が小さいときには，ステップ幅 T が小さすぎると判断できる。このように二つの解 x_{n+1} と x_{n+1}^* のオーダの違いを用いて，適切なステップ幅 T を適応的に計算することができる。

以上の手法は，複数の微分方程式からなる系に適用できる。状態変数からなるベクトルを q，時刻 t と状態変数 q から状態変数の時間微分 $\dot{q}$ を計算する一組みの関数を f と表す。常微分方程式の標準形

$$\dot{q} = f(t, q)$$

は，上記の手法において状態変数 x を状態変数ベクトル q で，スカラー関数 f をベクトル関数 f で，スカラー k をベクトル k で置き換えた式により，数値的に解くことができる。例えば，単振り子の運動を表す常微分方程式 (3.3) では，状態変数ベクトルを

$$q = \begin{bmatrix} \theta \\ \omega \end{bmatrix}$$

状態変数の時間微分を計算するベクトル関数を

$$f(t, q) = \begin{bmatrix} \omega \\ -\dfrac{g}{l}\sin\theta \end{bmatrix}$$

と定めればよい。

3.3 制約安定化法

制約安定化法[9] (constraint stabilization method：CSM) は，ホロノミック制約を有する常微分方程式の解を数値的に計算する。単振り子の運動方程式を例に，制約安定化法を説明しよう。

図 3.1 に示した単振り子の運動をデカルト座標系で定式化する。質点の位置を表す状態変数 x, y は，制約式

24   3. 常微分方程式

$$R(x, y) \triangleq \left\{ x^2 + (y - l)^2 \right\}^{\frac{1}{2}} - l = 0 \tag{3.15}$$

を満たさなくてはならない。質点の運動方程式は

$$\left.\begin{aligned}
\dot{x} &= v_x \\
\dot{y} &= v_y \\
m\dot{v}_x &= \lambda R_x(x, y) \\
m\dot{v}_y &= \lambda R_y(x, y) - mg
\end{aligned}\right\} \tag{3.16}$$

と表される。ここで R_x, R_y はそれぞれ，制約式 R の x, y に関する偏微分を表す。運動方程式 (3.16) は，状態変数 x, y, v_x, v_y に関する微分方程式である。一方，制約式 (3.15) は代数方程式であり，常微分方程式の数値解法を単純に適用することはできない。したがって，制約式を微分方程式の数値解法に組み込む必要がある。

　制約安定化法では幾何制約を微分方程式に変換し，もとの常微分方程式と統合する。計算過程において幾何制約が 0 に収束するように，幾何制約の臨界減衰を表す微分方程式

$$\ddot{R} + 2\alpha\dot{R} + \alpha^2 R = 0 \tag{3.17}$$

を導入しよう。ここで α は正の定数である。この式は臨界減衰を与えるので，たとえ数値計算の過程で幾何制約 R が破られても制約の値は再び 0 に収束し，結果的に制約式が保たれる。制約 R の 1 階時間微分は

$$\dot{R} = R_x\dot{x} + R_y\dot{y} = \begin{bmatrix} R_x & R_y \end{bmatrix} \begin{bmatrix} \dot{x} \\ \dot{y} \end{bmatrix}$$

と表される。偏微分 $R_x(x, y)$ と $R_y(x, y)$ の時間微分が

$$\dot{R}_x = \begin{bmatrix} R_{xx} & R_{xy} \end{bmatrix} \begin{bmatrix} \dot{x} \\ \dot{y} \end{bmatrix}, \qquad \dot{R}_y = \begin{bmatrix} R_{yx} & R_{yy} \end{bmatrix} \begin{bmatrix} \dot{x} \\ \dot{y} \end{bmatrix}$$

であることに注意すると，制約 R の 2 階時間微分は

$$\ddot{R} = R_x\ddot{x} + R_y\ddot{y} + \dot{R}_x\dot{x} + \dot{R}_y\dot{y}$$

$$= \begin{bmatrix} R_x & R_y \end{bmatrix} \begin{bmatrix} \ddot{x} \\ \ddot{y} \end{bmatrix} + \begin{bmatrix} \dot{x} & \dot{y} \end{bmatrix} \begin{bmatrix} R_{xx} & R_{xy} \\ R_{yx} & R_{yy} \end{bmatrix} \begin{bmatrix} \dot{x} \\ \dot{y} \end{bmatrix}$$

と表される。ここで，$P(x,y) = \left\{x^2 + (y-l)^2\right\}^{(-1/2)}$ とおき，偏微分を計算すると

$$R_x = xP, \quad R_y = (y-l)P$$

$$R_{xx} = P - x^2 P^3, \quad R_{yy} = P - (y-l)^2 P^3, \quad R_{xy} = -x(y-l)P^3$$

である。したがって，制約式 (3.15) を式 (3.17) に代入すると

$$R_x\ddot{x} + R_y\ddot{y} + R_{xx}\dot{x}^2 + R_{yy}\dot{y}^2 + 2R_{xy}\dot{x}\dot{y}$$
$$+ 2\alpha\{R_x\dot{x} + R_y\dot{y}\} + \alpha^2 R = 0 \tag{3.18}$$

が得られる。変数 $v_x = \dot{x}$ と $v_y = \dot{y}$ を導入すると，式 (3.18) は

$$-R_x(x,y)\,\dot{v}_x - R_y(x,y)\,\dot{v}_y = C(x,y,v_x,v_y)$$

と表される。ここで

$$C(x,y,v_x,v_y) = R_{xx}(x,y)\,v_x^2 + R_{yy}(x,y)\,v_y^2 + 2R_{xy}(x,y)\,v_x v_y$$
$$+ 2\alpha\{R_x(x,y)\,v_x + R_y(x,y)\,v_y\} + \alpha^2 R(x,y)$$

である。状態変数の時間微分 $\dot{x}, \dot{y}, \dot{v}_x, \dot{v}_y$ と張力を表す変数 λ は未知数であるので，これらを含む項を左辺に移項し，微分方程式をまとめると

$$\left.\begin{aligned}
\dot{x} &= v_x \\
\dot{y} &= v_y \\
m\dot{v}_x - \lambda R_x(x,y) &= 0 \\
m\dot{v}_y - \lambda R_y(x,y) &= -mg \\
-R_x(x,y)\,\dot{v}_x - R_y(x,y)\,\dot{v}_y &= C(x,y,v_x,v_y)
\end{aligned}\right\} \tag{3.19}$$

が得られる。状態変数 v_x, v_y の値を与えると，$\dot{x}, \dot{y}$ の値がただちに得られる。さらに式 (3.19) より，未知数 $\dot{v}_x, \dot{v}_y, \lambda$ に関する連立一次方程式

26   3. 常 微 分 方 程 式

$$
\begin{bmatrix}
m & 0 & -R_x \\
0 & m & -R_y \\
-R_x & -R_y & 0
\end{bmatrix}
\begin{bmatrix}
\dot{v}_x \\
\dot{v}_y \\
\lambda
\end{bmatrix}
=
\begin{bmatrix}
0 \\
-mg \\
C
\end{bmatrix}
\tag{3.20}
$$

が得られる。状態変数 x, y の値を与えると，左辺の係数行列の値が定まる。この係数行列は正則なので，式 (3.20) は数値的に解くことができ，結果として $\dot{v}_x, \dot{v}_y$ の値を求めることができる。したがって，状態変数 x, y, v_x, v_y の値を与えると，その時間微分 $\dot{x}, \dot{y}, \dot{v}_x, \dot{v}_y$ の値が求められる。この計算過程を常微分方程式の標準形とみなすと，常微分方程式の数値解法を用いることにより，状態変数 x, y, v_x, v_y の値を数値的に求めることができる。幾何制約式を常微分方程式に組み込む，以上の手法を制約安定化法と呼ぶ。

常微分方程式を数値的に解くときには，変数 λ の値は使わない。ただし，上記の連立一次方程式を解くときに λ の値を求めることができる。すなわち，単振り子の運動をデカルト座標系で定式化し，制約安定化法を用いて制約付きの常微分方程式を解くことにより，単振り子の運動のみならず，時々刻々と変化する張力の大きさを求めることができる。勾配ベクトル $[\,R_x, R_y\,]^{\mathrm{T}}$ は，制約式 $R(x, y)$ の外向き法線ベクトルに対応する。この勾配ベクトルが制約力の方向を，ラグランジュの未定乗数 λ が制約力の大きさを表す。したがって，制約力は $\lambda\,[\,R_x, R_y\,]^{\mathrm{T}}$ で与えられる。

3.4 パフィアン制約の安定化

制約安定化法は，パフィアン制約を含む微分方程式の解を数値的に計算することができる。3.1 節で述べた自動車の運動を例に，パフィアン制約の安定化を説明しよう。自動車の運動方程式は

$$
\left.
\begin{aligned}
m\dot{v}_x &= -bv_x + f_x \\
m\dot{v}_y &= -bv_y + f_y \\
I\dot{\omega} &= -B\omega + \tau
\end{aligned}
\right\}
\tag{3.21}
$$

で表される。ただし，非ホロノミックなパフィアン制約

$$Q \overset{\triangle}{=} v_x S_\theta - v_y C_\theta = 0$$

を満たさなくてはならない。

前節で示したように，ホロノミック制約 $R(x, y) = 0$ の安定化では，x 方向の運動方程式に項 λR_x，y 方向の運動方程式に項 λR_y を加える。運動方程式を数値的に解くと，質点の位置 (x, y) の値が制約を破る可能性がある。これらの安定化項は制約力として働いており，質点の位置が制約を破った場合，制約を満たすように質点の運動を補正する役割を果たす。未知変数 λ の値は，運動方程式に制約安定化則 $\ddot{R} + 2\alpha \dot{R} + \alpha^2 R = 0$ を追加することで計算できる。非ホロノミックなパフィアン制約に対しても，同様の安定化項を導入する。自動車の運動方程式 (3.21) は，それぞれ v_x, v_y, ω に関する微分方程式である。運動方程式を数値的に解くと，v_x, v_y, ω の値が制約 Q を破る可能性がある。制約を満たすように v_x, v_y, ω の値を補正するために，制約安定化項

$$\lambda \frac{\partial Q}{\partial v_x} = \lambda S_\theta, \qquad \lambda \frac{\partial Q}{\partial v_y} = -\lambda C_\theta, \qquad \lambda \frac{\partial Q}{\partial \omega} = 0$$

を各運動方程式の右辺に加える。すると運動方程式は

$$\left.\begin{aligned}
m\dot{v}_x &= -bv_x + f_x + \lambda S_\theta \\
m\dot{v}_y &= -bv_y + f_y - \lambda C_\theta \\
I\dot{\omega} &= -B\omega + \tau
\end{aligned}\right\} \tag{3.22}$$

となる。制約 Q は速度を含むため，制約安定化則は制約 Q の 2 階時間微分を含むことができない。解が急速に減衰する 1 階の微分方程式として

$$\dot{Q} + \beta Q = 0 \tag{3.23}$$

を採用する。正のパラメータ β の値を大きく選ぶと，制約 Q が破られても Q の値は急速に 0 に収束する。制約安定化則を計算すると

$$\dot{Q} + \beta Q = S_\theta \dot{v}_x - C_\theta \dot{v}_y + C(\theta, v_x, v_y, \omega) = 0 \tag{3.24}$$

を得る。ここで

28   3. 常 微 分 方 程 式

$$C(\theta, v_x, v_y, \omega) = v_x C_\theta \omega + v_y S_\theta \omega + \beta(v_x S_\theta - v_y C_\theta)$$

である。状態変数 v_x, v_y, ω の値を与えると，時間微分 $\dot{x}$, $\dot{y}$, $\dot{\theta}$ の値がただちに得られる。また，運動方程式 (3.22)，制約安定化の式 (3.24) をまとめて書くと

$$\begin{bmatrix} m & & & -S_\theta \\ & m & & C_\theta \\ & & I & \\ -S_\theta & C_\theta & & \end{bmatrix} \begin{bmatrix} \dot{v}_x \\ \dot{v}_y \\ \dot{\omega} \\ \lambda \end{bmatrix} = \begin{bmatrix} -bv_x + f_x \\ -bv_y + f_y \\ -B\omega + \tau \\ C(\theta, v_x, v_y, \omega) \end{bmatrix} \tag{3.25}$$

が得られる。式 (3.25) を数値的に解くことにより，$\dot{v}_x$, $\dot{v}_y$, $\dot{\omega}$ の値を求めることができる。けっきょく，状態変数 x, y, θ, v_x, v_y, ω の値を与えると，その時間微分 $\dot{x}$, $\dot{y}$, $\dot{\theta}$, $\dot{v}_x$, $\dot{v}_y$, $\dot{\omega}$ の値を求めることができる。したがって，常微分方程式の数値解法を用いることにより，状態変数 x, y, θ, v_x, v_y, ω の値を数値的に求めることができる。

┤ コーヒーブレイク ├

　ホロノミック（holonomic），パフィアン（Pfaffian）という用語は，機械システム学ではたびたび使われる。本章で述べたように自動車の運動には非ホロノミックなパフィアン制約が課されている。自動車を目標とする位置・姿勢に動かそうとするとき（車庫入れ），制約がホロノミックであれば，現在の位置・姿勢と目標の位置・姿勢との誤差をフィードバックするという単純な制御則により，目標の位置・姿勢に自動車を動かすことができる。しかしながら，制約が非ホロノミックな場合には，このような単純なフィードバック則では車庫入れを実現できないことが証明されている（Brockett の定理）。車庫入れが難しいのはこのためである。自動車のように非ホロノミックな制約を含む系は多く，ロボティクスの分野で盛んに研究されている。

章 末 問 題

【1】 つぎに示す微分方程式を標準形に変換せよ。

(1) 調和振動子の運動方程式 ($m_1, m_2, m_3, k_{12}, k_{23}$ は定数)

$$m_1 \ddot{x}_1 = -k_{12}(x_1 - x_2)$$
$$m_2 \ddot{x}_2 = -k_{12}(x_2 - x_1) - k_{23}(x_2 - x_3)$$
$$m_3 \ddot{x}_3 = -k_{23}(x_3 - x_2)$$

(2) LCR 回路の方程式 (R, L, C は定数, $E(t)$ は与えられる関数)

$$Ri + L\frac{\mathrm{d}i}{\mathrm{d}t} + \frac{1}{C}\int_0^t i(\tau)\,\mathrm{d}\tau = E(t)$$

(3) 重力振り子の PID 制御 ($m, l, g, K_\mathrm{p}, K_\mathrm{d}, K_\mathrm{i}, \theta^\mathrm{d}$ は定数)

$$ml^2\ddot{\theta} + mgl\sin\theta = -K_\mathrm{p}(\theta - \theta^\mathrm{d}) - K_\mathrm{d}\dot{\theta} - K_\mathrm{i}\int_0^t \left\{\theta(\tau) - \theta^\mathrm{d}\right\}\mathrm{d}\tau$$

【2】 ホイン法がステップ幅に関して 2 次のオーダの精度を持つことを示せ。

【3】 ホロノミック制約 (3.4) を有する微分方程式 (3.6) を制約安定化法を用いて数値的に解き, 単振り子の運動を求めよ。

【4】 パフィアン制約 (3.7) を有する微分方程式 (3.8) を制約安定化法を用いて数値的に解き, 自動車の運動を求めよ。

【5】 問図 3.1 に示す開リンク機構において, リンク k の長さ, 重心位置, 質量, 重心まわりの慣性モーメントを, $P_k = \{\,l_k, l_{ck}, m_k, J_k\,\}$ と表す。リンク機構の運動は

$$\begin{bmatrix} H_{11} & H_{12} \\ H_{12} & H_{22} \end{bmatrix} \begin{bmatrix} \ddot{\theta}_1 \\ \ddot{\theta}_2 \end{bmatrix} = \begin{bmatrix} L(\theta_1, \theta_2, \dot{\theta}_1, \dot{\theta}_2;\, P_1, P_2) + \tau_1 \\ U(\theta_1, \theta_2, \dot{\theta}_1, \dot{\theta}_2;\, P_1, P_2) + \tau_2 \end{bmatrix}$$

と定式化できる。ここで, τ_1, τ_2 は関節 1, 2 が発生するトルクであり

$$L(\theta_1, \theta_2, \dot{\theta}_1, \dot{\theta}_2;\, P_1, P_2) = h_{12}\dot{\theta}_2^2 + 2h_{12}\dot{\theta}_1\dot{\theta}_2 - G_1 - G_{12}$$
$$U(\theta_1, \theta_2, \dot{\theta}_1, \dot{\theta}_2;\, P_1, P_2) = -h_{12}\dot{\theta}_1^2 - G_{12}$$
$$H_{11} = J_1 + m_1 l_{c1}^2 + J_2 + m_2(l_1^2 + l_{c2}^2 + 2l_1 l_{c2}\cos\theta_2)$$
$$H_{22} = J_2 + m_2 l_{c2}^2$$
$$H_{12} = J_2 + m_2(l_{c2}^2 + l_1 l_{c2}\cos\theta_2), \qquad h_{12} = m_2 l_1 l_{c2}\sin\theta_2$$
$$G_1 = (m_1 l_{c1} + m_2 l_1)g\cos\theta_1, \qquad G_{1+2} = m_2 l_{c2}g\cos(\theta_1 + \theta_2)$$

関節角 θ_1, θ_2 に対して, PD 制御, PID 制御を適用する。リンクの運動を数値

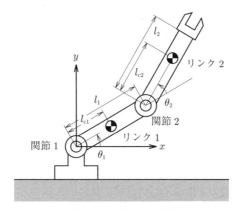

問図 **3.1** 開リンク機構

的に計算せよ。

【6】 問図 **3.2** に示す閉リンク機構を，リンク 1 とリンク 2 からなる左アームとリンク 3 とリンク 4 からなる右アームに分解し，閉リンク機構の運動を定式化する。以下の問に答えよ。

(1) 左アームの先端の座標と右アームの先端の座標を求めよ。

(2) 左アームの先端の x 座標と右アームの先端の x 座標が一致するという制約 X，左アームの先端の y 座標と右アームの先端の y 座標が一致するという制約 Y を求めよ。

(3) 制約 X と Y に対する制約安定化の式を求めよ。

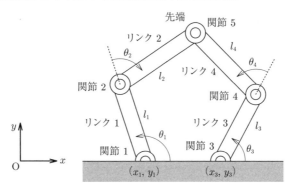

問図 **3.2** 閉リンク機構

【7】 硬い (stiff) 常微分方程式とは，時間スケールの小さい（時間変動が大きい）現象と時間スケールの大きい（時間変動が小さい）現象からなる系を指す。このような系の計算には，通常のソルバー **ode45** ではなく，**ode23tb** を用いる。

章 末 問 題 *31*

硬い系の例として，衝突が挙げられる。質点 m を床に落す。床に原点をおき，時刻 t における質点の位置を $x(t)$ で表す。質点と床との接触力が弾性力で表されると仮定すると，質点の運動方程式は

$$m\ddot{x} = f - mg$$

$$f = \begin{cases} -kx & (x \leqq 0) \\ 0 & (x > 0) \end{cases}$$

と表される。ここで k は弾性係数である。弾性力 f によって生じる加速度が重力加速度より十分大きいとき，弾性変形は時間変動が大きく，自由落下は時間変動が小さい。したがって，上式は硬い微分方程式となる。この運動方程式を数値的に解き，質点の運動を求めるとともに，質点の運動とステップ幅の値との関係を調べよ。

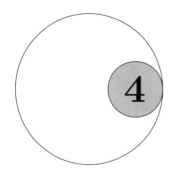

4 連立一次方程式

機械電気システムのモデルを解析するときには，**連立一次方程式**(simultaneous linear equations) を解く必要がたびたび生じる。制約安定化法を用いて微分方程式を解く場合，平衡点まわりの安定性を解析する場合はその典型例である。本章では，連立一次方程式の数値解法を述べる。

4.1 ガウスの消去法と LU 分解

未知数の個数と式の個数が等しい連立一次方程式を解こう。式 (4.1) と式 (4.2) では，どちらの連立一次方程式が解きやすいであろうか。

$$\left.\begin{array}{r}3x + 2y - 2z = 1 \\ 6x + 2y - z = 3 \\ -3x - 8y + 7z = 6\end{array}\right\} \tag{4.1}$$

$$\left.\begin{array}{r}3x + 2y - 2z = 1 \\ -2y + 3z = 1 \\ -4z = 4\end{array}\right\} \tag{4.2}$$

連立一次方程式 (4.1) は，すべての式に変数 x, y, z が含まれている。一方，方程式 (4.2) の 3 番目の式は変数 z のみを含む。したがって，3 番目の式を解くと z の値を求めることができる。2 番目の式は変数 y, z のみを含む。得られた z の値を代入すると，残された未知の変数は y のみであるので，y の値を求めることができる。得られた z, y の値を 1 番目の式に代入すると，残された未知の変数は x のみであるので，x の値を求めることができる。すなわち

$$-4z = 4 \qquad \therefore z = -1$$

$$-2y = 1 - 3z = 1 - 3 \times (-1) = 4 \qquad \therefore y = -2$$

$$3x = 1 - 2y + 2z = 1 - 2 \times (-2) + 2 \times (-1) = 3 \qquad \therefore x = 1$$

以上のように，連立一次方程式 (4.2) においては，最後の式から順番に解くことにより，変数の値を計算することができる。よって，方程式 (4.2) は方程式 (4.1) より容易に解くことができる。

ガウスの消去法（Gaussian elimination）は，方程式 (4.1) を方程式 (4.2) のような形に変換し，連立一次方程式の解を求める。連立一次方程式 (4.1) を例として，ガウスの消去法を説明しよう。まず，1 番目の方程式を用いて，2 番目の方程式と 3 番目の方程式の変数 x の係数を 0 にする。このとき，1 番目の方程式の変数 x の係数 3 を**ピボット**（pivot）と呼ぶ。ここで，2 番目の式の x の係数 6 をピボット 3 で割った値を求めると 2 が得られる。2 番目の式から 1 番目の式の 2 倍を引くと，2 番目の方程式における変数 x の係数が 0 となる。同様に，3 番目の式の x の係数 (-3) をピボット 3 で割った値を求めると (-1) が得られる。3 番目の式から 1 番目の式の (-1) 倍を引くと，3 番目の方程式における変数 x の係数が 0 となる。以上の計算過程を表すと

$$\begin{cases} \boxed{3}x + 2y - 2z = 1 \quad （ピボットの選択） \\ 6x + 2y - z = 3 \qquad （2 行目から (6/3) \times 1 行目を引く） \\ -3x - 8y + 7z = 6 \quad （3 行目から (-3/3) \times 1 行目を引く） \end{cases}$$

$$\begin{cases} 3x + 2y - 2z = 1 \\ -2y + 3z = 1 \\ -6y + 5z = 7 \end{cases}$$

結果として，2 番目と 3 番目の式は変数 y と z のみの方程式となる。そこで，2 番目の方程式を用いて，3 番目の方程式の変数 y の係数を 0 にする。2 番目の方程式の変数 y の係数 (-2) がピボットである。3 番目の式の y の係数 (-6) をピボット (-2) で割った値を求めると 3 が得られる。3 番目の式から 2 番目の式の 3 倍を引くと，3 番目の方程式における変数 y の係数が 0 となる。以上

34　　4. 連 立 一 次 方 程 式

の計算過程を表すと

$$
\begin{cases}
3x + 2y - 2z = 1 \\
\boxed{-2}\,y + 3z = 1 \quad (\text{ピボットの選択}) \\
-6y + 5z = 7 \quad (\text{3 行目から } (-6)/(-2) \times 2 \text{行目を引く})
\end{cases}
$$

$$
\begin{cases}
3x + 2y - 2z = 1 \\
-2y + 3z = 1 \\
-4z = 4
\end{cases}
$$

前述のとおり，最後の式から順次解くと

$$
\begin{bmatrix} x \\ y \\ z \end{bmatrix} = \begin{bmatrix} 1 \\ -2 \\ -1 \end{bmatrix}
$$

が得られる。

以上の計算過程を行列とベクトルの形で表そう。係数行列

$$
A = \begin{bmatrix} 3 & 2 & -2 \\ 6 & 2 & -1 \\ -3 & -8 & 7 \end{bmatrix} \tag{4.3}
$$

変数ベクトル

$$
\boldsymbol{x} = \begin{bmatrix} x \\ y \\ z \end{bmatrix} \tag{4.4}
$$

定数ベクトル

$$
\boldsymbol{b} = \begin{bmatrix} 1 \\ 3 \\ 6 \end{bmatrix} \tag{4.5}
$$

を導入すると，連立一次方程式は

$$
A\boldsymbol{x} = \boldsymbol{b} \tag{4.6}
$$

と表すことができる。

ガウスの消去法に現れる行に関する基本変形を行列を用いて表そう。行列の

2 行目から 1 行目の 2 倍を引く操作は，模式的に

$$
\begin{bmatrix} 1\,\text{行目} \\ 2\,\text{行目} -2\times1\,\text{行目} \\ 3\,\text{行目} \end{bmatrix} \Longleftarrow \begin{bmatrix} 1\,\text{行目} \\ 2\,\text{行目} \\ 3\,\text{行目} \end{bmatrix}
$$

と表される。左辺は

$$
\begin{bmatrix} 1\,\text{行目} \\ 2\,\text{行目} -2\times1\,\text{行目} \\ 3\,\text{行目} \end{bmatrix} = \begin{bmatrix} 1 & 0 & 0 \\ -2 & 1 & 0 \\ 0 & 0 & 1 \end{bmatrix} \begin{bmatrix} 1\,\text{行目} \\ 2\,\text{行目} \\ 3\,\text{行目} \end{bmatrix}
$$

と書くことができる。行列

$$
F = \begin{bmatrix} 1 & 0 & 0 \\ -2 & 1 & 0 \\ 0 & 0 & 1 \end{bmatrix} \quad (2\,\text{行目から}\,2\times1\,\text{行目を引く}) \tag{4.7}
$$

を導入すると，行列の 2 行目から 1 行目の 2 倍を引く操作は

$$
F \begin{bmatrix} 1\,\text{行目} \\ 2\,\text{行目} \\ 3\,\text{行目} \end{bmatrix} \Longleftarrow \begin{bmatrix} 1\,\text{行目} \\ 2\,\text{行目} \\ 3\,\text{行目} \end{bmatrix}
$$

と表される。すなわち，行列の 2 行目から 1 行目の 2 倍を引く操作は，行列 F を左側から掛ける演算に相当する。同様に，行列の 3 行目から 1 行目の (-1) 倍を引く操作は

$$
G = \begin{bmatrix} 1 & 0 & 0 \\ 0 & 1 & 0 \\ 1 & 0 & 1 \end{bmatrix} \quad (3\,\text{行目から}\,(-1)\times1\,\text{行目を引く}) \tag{4.8}
$$

行列の 3 行目から 2 行目の 3 倍を引く操作は

$$
H = \begin{bmatrix} 1 & 0 & 0 \\ 0 & 1 & 0 \\ 0 & -3 & 1 \end{bmatrix} \quad (3\,\text{行目から}\,3\times2\,\text{行目を引く}) \tag{4.9}
$$

と表される。前述のガウスの消去法における計算過程は

36   4. 連 立 一 次 方 程 式

$A\boldsymbol{x} = \boldsymbol{b}$

$FA\boldsymbol{x} = F\boldsymbol{b}$　（2行目から 2×1 行目を引く）

$GFA\boldsymbol{x} = GF\boldsymbol{b}$　（3行目から $(-1) \times 1$ 行目を引く）

$HGFA\boldsymbol{x} = HGF\boldsymbol{b}$　（3行目から 3×2 行目を引く）

と書くことができる。結果として得られる連立一次方程式 (4.2) の係数行列は

$$U = \begin{bmatrix} 3 & 2 & -2 \\ 0 & -2 & 3 \\ 0 & 0 & -4 \end{bmatrix} \tag{4.10}$$

である。行列 U は，対角要素より下の要素の値がすべて 0 である。このような行列を**上三角行列**（upper trianglular matrix）と呼ぶ。

　ガウスの消去法において $U = HGFA$ を計算する過程を模式的に表すと

$$\begin{array}{cccc} H\times & G\times & F\times & \\ U = HGFA & \Longleftarrow \quad GFA & \Longleftarrow \quad FA & \Longleftarrow \quad A \end{array}$$

行列 U から A への径路をたどろう。操作 F, G, H の逆操作を F^{-1}, G^{-1}, H^{-1} で表すと

$$\begin{array}{cccc} H^{-1}\times & G^{-1}\times & F^{-1}\times & \\ U & \Longrightarrow \quad H^{-1}U & \Longrightarrow \quad G^{-1}H^{-1}U & \Longrightarrow \quad F^{-1}G^{-1}H^{-1}U = A \end{array}$$

操作 F は，2行目から1行目の2倍を引く操作である。操作 F に引き続いて2行目に1行目の2倍を加えると，なにもしない状態に戻る。したがって，逆操作 F^{-1} は，2行目に1行目の2倍を加える操作である。同様に，逆操作 G^{-1} は3行目に1行目の (-1) 倍を加える操作，逆操作 H^{-1} は3行目に2行目の3倍を加える操作である。

$$F^{-1} = \begin{bmatrix} 1 & 0 & 0 \\ 2 & 1 & 0 \\ 0 & 0 & 1 \end{bmatrix} \quad \text{（2行目に 2×1 行目を加える）}$$

$$G^{-1} = \begin{bmatrix} 1 & 0 & 0 \\ 0 & 1 & 0 \\ -1 & 0 & 1 \end{bmatrix} \quad \text{（3行目に $(-1) \times 1$ 行目を加える）}$$

$$H^{-1} = \begin{bmatrix} 1 & 0 & 0 \\ 0 & 1 & 0 \\ 0 & 3 & 1 \end{bmatrix} \quad (3\,\text{行目に}\,3\times2\,\text{行目を加える})$$

したがって，行列 A は

$$A = F^{-1}G^{-1}H^{-1}U \tag{4.11}$$

と表される。ここで，行列 $L = F^{-1}G^{-1}H^{-1}$ を計算すると

$$L = \begin{bmatrix} 1 & 0 & 0 \\ \boxed{2} & 1 & 0 \\ 0 & 0 & 1 \end{bmatrix} \begin{bmatrix} 1 & 0 & 0 \\ 0 & 1 & 0 \\ \boxed{-1} & 0 & 1 \end{bmatrix} \begin{bmatrix} 1 & 0 & 0 \\ 0 & 1 & 0 \\ 0 & \boxed{3} & 1 \end{bmatrix}$$

$$= \begin{bmatrix} 1 & 0 & 0 \\ \boxed{2} & 1 & 0 \\ \boxed{-1} & \boxed{3} & 1 \end{bmatrix} \tag{4.12}$$

行列 L は，対角要素より上の要素の値がすべて 0 である。このような行列を**下三角行列**（lower trianglular matrix）と呼ぶ。

行列 L の $(2,1)$ 要素は行列 F^{-1} の $(2,1)$ 要素に，行列 L の $(3,1)$ 要素は行列 G^{-1} の $(3,1)$ 要素に，行列 L の $(3,2)$ 要素は行列 H^{-1} の $(3,2)$ 要素に一致する。行列 $F^{-1}G^{-1}H^{-1}$ を掛ける計算過程を模式的に表すと

$$\begin{bmatrix} 1\,\text{行目} \\ 2\,\text{行目} \\ 3\,\text{行目} \end{bmatrix}$$

$$\begin{matrix} H^{-1}\times \\ \Longrightarrow \end{matrix} \begin{bmatrix} 1\,\text{行目} \\ 2\,\text{行目} \\ 3\,\text{行目}+3\times2\,\text{行目} \end{bmatrix}$$

38   4. 連立一次方程式

$$
G^{-1} \times \implies \begin{bmatrix} 1\,\text{行目} \\ 2\,\text{行目} \\ 3\,\text{行目} + 3 \times 2\,\text{行目} + (-1) \times 1\,\text{行目} \end{bmatrix}
$$

$$
F^{-1} \times \implies \begin{bmatrix} 1\,\text{行目} \\ 2\,\text{行目} + 2 \times 1\,\text{行目} \\ 3\,\text{行目} + 3 \times 2\,\text{行目} + (-1) \times 1\,\text{行目} \end{bmatrix}
$$

行列 H^{-1} は3行目に2行目の3倍を加える。このとき定数倍を加える2行目は，最初の行列の2行目に等しい。行列 G^{-1} は3行目に1行目の (-1) 倍を加える。このとき定数倍を加える1行目は，最初の行列の1行目に等しい。行列 F^{-1} は2行目に1行目の2倍を加える。このとき定数倍を加える1行目は，最初の行列の1行目に等しい。以上のように，定数倍を加える行は最初の行列の行に一致するので，定数の値は直接 L の要素として表れる。

けっきょく，行列 A は下三角行列 L と上三角行列 U の積で表される。

$$
A = LU \tag{4.13}
$$

これを **LU 分解**（LU decomposition）と呼ぶ。行列 L の要素とガウスの消去法における行操作を順次表すと

　　　行列 L の $(2,1)$ 要素 $= 2$　　（2行目から 2×1 行目を引く）

　　　行列 L の $(3,1)$ 要素 $= -1$　　（3行目から $(-1) \times 1$ 行目を引く）

　　　行列 L の $(3,2)$ 要素 $= 3$　　（3行目から 3×2 行目を引く）

となる。このように，ガウスの消去法における行操作と同時に行列 L を構成することができるので，ガウスの消去法により上三角行列 U となる係数行列が得られた時点で，LU 分解は完了する。

4.2　LU 分解の計算

正方行列の LU 分解を直接計算するアルゴリズムを構築しよう。例として，4

4.2 LU 分 解 の 計 算   39

次の正方行列

$$
A_4 = \begin{bmatrix} 2 & 3 & -1 & 1 \\ -4 & -7 & 5 & -1 \\ 6 & 7 & 1 & 4 \\ 2 & 5 & -5 & 3 \end{bmatrix}
$$

を LU 分解する。LU 分解の下三角行列を L_4, 上三角行列を U_4 で表す。下三角行列 L_4 の (i,j) 要素を $l_{i,j}$, 上三角行列 U_4 の (i,j) 要素を $u_{i,j}$ で表す。下三角行列 L_4 の対角要素を 1 とする。このとき LU 分解は

$$
L_4 U_4 = \begin{bmatrix} 1 & & & \\ l_{21} & 1 & & \\ l_{31} & l_{32} & 1 & \\ l_{41} & l_{42} & l_{43} & 1 \end{bmatrix} \begin{bmatrix} u_{11} & u_{12} & u_{13} & u_{14} \\ & u_{22} & u_{23} & u_{24} \\ & & u_{33} & u_{34} \\ & & & u_{44} \end{bmatrix}
$$

と表すことができる。行列 A_4 の要素の個数 16 と, LU 分解に含まれる未知数の個数 16 が一致するので, LU 分解の未知数の値を一意に定めることができる。

行列 L_4, U_4 をつぎのようにブロック分割する。

$$
L_4 = \left[\begin{array}{c|ccc} 1 & & & \\ \hline l_{21} & 1 & & \\ l_{31} & l_{32} & 1 & \\ l_{41} & l_{42} & l_{43} & 1 \end{array} \right] = \left[\begin{array}{c|ccc} 1 & & & \\ \hline l_{21} & & & \\ l_{31} & & L_3 & \\ l_{41} & & & \end{array} \right]
$$

$$
U_4 = \left[\begin{array}{c|ccc} u_{11} & u_{12} & u_{13} & u_{14} \\ \hline & u_{22} & u_{23} & u_{24} \\ & & u_{33} & u_{34} \\ & & & u_{44} \end{array} \right] = \left[\begin{array}{c|ccc} u_{11} & u_{12} & u_{13} & u_{14} \\ \hline & & & \\ & & U_3 & \\ & & & \end{array} \right]
$$

ここで L_3, U_3 は 3 次の正方行列である。このとき

40   4. 連 立 一 次 方 程 式

$$
L_4U_4 = \left[\begin{array}{c|ccc}
u_{11} & u_{12} & u_{13} & u_{14} \\
\hline
l_{21}u_{11} & \begin{bmatrix} l_{21} \\ l_{31} \\ l_{41} \end{bmatrix} & \begin{bmatrix} u_{12} & u_{13} & u_{14} \end{bmatrix} + L_3U_3 \\
l_{31}u_{11} & & \\
l_{41}u_{11} & &
\end{array}\right]
$$

が成り立つので

$$u_{11} = 2, \qquad u_{12} = 3, \qquad u_{13} = -1, \qquad u_{14} = 1 \tag{4.14}$$

$$l_{21}u_{11} = -4, \qquad l_{31}u_{11} = 6, \qquad l_{41}u_{11} = 2 \tag{4.15}$$

ならびに

$$
\begin{bmatrix} l_{21} \\ l_{31} \\ l_{41} \end{bmatrix} \begin{bmatrix} u_{12} & u_{13} & u_{14} \end{bmatrix} + L_3U_3 = \begin{bmatrix} -7 & 5 & -1 \\ 7 & 1 & 4 \\ 5 & -5 & 3 \end{bmatrix} \tag{4.16}
$$

を得る。

式 (4.14) は，行列 U_4 の 1 行目の要素の値を与える。式 (4.15) より行列 L_4 の 1 列目の要素の値を計算できる。

$$l_{21} = -\frac{4}{u_{11}} = -2, \qquad l_{31} = \frac{6}{u_{11}} = 3, \qquad l_{41} = \frac{2}{u_{11}} = 1$$

得られた要素の値を式 (4.16) に代入すると

$$
\begin{aligned}
L_3U_3 &= \begin{bmatrix} -7 & 5 & -1 \\ 7 & 1 & 4 \\ 5 & -5 & 3 \end{bmatrix} - \begin{bmatrix} -2 \\ 3 \\ 1 \end{bmatrix} \begin{bmatrix} 3 & -1 & 1 \end{bmatrix} \\
&= \begin{bmatrix} -1 & 3 & 1 \\ -2 & 4 & 1 \\ 2 & -4 & 2 \end{bmatrix}
\end{aligned}
$$

したがって，行列 A_4 の LU 分解 L_4U_4 を求めるためには，3 次の正方行列

$$
A_3 = \begin{bmatrix} -1 & 3 & 1 \\ -2 & 4 & 1 \\ 2 & -4 & 2 \end{bmatrix}
$$

の LU 分解 $A_3 = L_3 U_3$ を計算すればよい。

行列 L_3, U_3 をつぎのようにブロック分割する。

$$L_3 = \begin{bmatrix} 1 & & \\ \hline l_{32} & 1 & \\ l_{42} & l_{43} & 1 \end{bmatrix} = \begin{bmatrix} 1 & & \\ \hline l_{32} & & \\ l_{42} & & L_2 \end{bmatrix}$$

$$U_3 = \begin{bmatrix} u_{22} & u_{23} & u_{24} \\ \hline & u_{33} & u_{34} \\ & & u_{44} \end{bmatrix} = \begin{bmatrix} u_{22} & u_{23} & u_{24} \\ \hline & & \\ & U_2 & \end{bmatrix}$$

このとき，$L_3 U_3$ と行列 A_3 を比較することにより

$$u_{22} = -1, \qquad u_{23} = 3, \qquad u_{24} = 1$$

$$l_{32} = -\frac{2}{u_{22}} = 2, \qquad l_{42} = \frac{2}{u_{22}} = -2$$

ならびに

$$L_2 U_2 = \begin{bmatrix} 4 & 1 \\ -4 & 2 \end{bmatrix} - \begin{bmatrix} 2 \\ -2 \end{bmatrix} \begin{bmatrix} 3 & 1 \end{bmatrix} = \begin{bmatrix} -2 & -1 \\ 2 & 4 \end{bmatrix} = A_2$$

を得る。すなわち，行列 U_4 の 2 行目の要素の値，行列 L_4 の 2 列目の要素の値が求められる。

行列 L_2, U_2 をつぎのようにブロック分割する。

$$L_2 = \begin{bmatrix} 1 & \\ \hline l_{43} & L_1 \end{bmatrix}, \quad U_2 = \begin{bmatrix} u_{33} & u_{34} \\ \hline & U_1 \end{bmatrix}$$

このとき，$L_2 U_2$ と行列 A_2 を比較することにより

$$u_{33} = -2, \qquad u_{34} = -1$$

$$l_{43} = \frac{2}{u_{33}} = -1$$

ならびに

$$L_1 U_1 = \begin{bmatrix} 4 \end{bmatrix} - \begin{bmatrix} -1 \end{bmatrix} \begin{bmatrix} -1 \end{bmatrix} = \begin{bmatrix} 3 \end{bmatrix} = A_1$$

を得る。すなわち，行列 U_4 の 3 行目の要素の値，行列 L_4 の 3 列目の要素の値が求められる。

42   4. 連立一次方程式

最後に，$L_1 U_1 = \begin{bmatrix} 1 \end{bmatrix} \begin{bmatrix} u_{44} \end{bmatrix}$ と行列 A_1 を比較することにより $u_{44} = 3$ を得る。すなわち，行列 U_4 の 4 行目の要素の値が求められる。

けっきょく，4 次の正方行列 A_4 の LU 分解は

$$A_4 = \begin{bmatrix} 1 & & & \\ -2 & 1 & & \\ 3 & 2 & 1 & \\ 1 & -2 & -1 & 1 \end{bmatrix} \begin{bmatrix} 2 & 3 & -1 & 1 \\ & -1 & 3 & 1 \\ & & -2 & -1 \\ & & & 3 \end{bmatrix}$$

となる。行列 A_4, A_3, A_2, A_1 の $(1,1)$ 要素をピボット，以上の計算アルゴリズムを，**ピボット型 LU 分解**（pivot-type LU decomposition）と呼ぶ。

係数行列 A の LU 分解 $A = LU$ が与えられるとき，連立一次方程式 $A\boldsymbol{x} = \boldsymbol{b}$ は

$$LU\boldsymbol{x} = \boldsymbol{b}$$

と表される。ここで，$U\boldsymbol{x} = \boldsymbol{y}$ とすると，この式は

$$L\boldsymbol{y} = \boldsymbol{b}$$
$$U\boldsymbol{x} = \boldsymbol{y}$$

と分解することができる。したがって，$L\boldsymbol{y} = \boldsymbol{b}$ を解いて $\boldsymbol{y}$ を求め，得られた $\boldsymbol{y}$ を定数ベクトルとする連立一次方程式 $U\boldsymbol{x} = \boldsymbol{y}$ を解くことにより，解 $\boldsymbol{x}$ を求めることができる。この二つの連立一次方程式は，下三角行列と上三角行列を係数行列としており，簡単に解くことができる。

（4.3） ピボット選択と置換行列

前節のアルゴリズムではピボットの値が 0 ではないと仮定していた。もし，ピボットとしたい要素の値が 0 でピボットとして選ぶことができない場合は，その行をほかの行と交換して 0 でないピボットを選ぶ。つぎの正方行列の LU 分解を求めよう。

$$
A_4 = \begin{bmatrix} 0 & 1 & 4 & -6 \\ 8 & 1 & 6 & -2 \\ -2 & 0 & 0 & 3 \\ 4 & -2 & -2 & 4 \end{bmatrix}
$$

この場合, $(1,1)$ 要素の値が 0 であり, この値をピボットとして用いることはできない。そこで, 1 行目と他の行を交換する。下三角行列の要素の計算は, ピボットの値による除算を含むので, 数値誤差の観点からはピボットの絶対値が大きいほうがよい。行列 A_4 の 1 列目の要素で最も絶対値が大きいのは, $(2,1)$ 要素の 8 である。そこで, 1 行目と 2 行目を交換すると

$$
A_4' = \left[\begin{array}{c|ccc} 8 & 1 & 6 & -2 \\ \hline 0 & 1 & 4 & -6 \\ -2 & 0 & 0 & 3 \\ 4 & -2 & -2 & 4 \end{array} \right]
$$

これより

$$
A_4' = \left[\begin{array}{c|ccc} 1 & & & \\ \hline 0 & * & & \\ -1/4 & * & * & \\ 1/2 & * & * & * \end{array} \right] \left[\begin{array}{c|ccc} 8 & 1 & 6 & -2 \\ \hline & * & * & * \\ & & * & * \\ & & & * \end{array} \right] \tag{4.17}
$$

ならびに

$$
\begin{aligned}
A_3 &= \begin{bmatrix} 1 & 4 & -6 \\ 0 & 0 & 3 \\ -2 & -2 & 4 \end{bmatrix} - \begin{bmatrix} 0 \\ -1/4 \\ 1/2 \end{bmatrix} \begin{bmatrix} 1 & 6 & -2 \end{bmatrix} \\
&= \begin{bmatrix} 1 & 4 & -6 \\ 1/4 & 3/2 & 5/2 \\ -5/2 & -5 & 5 \end{bmatrix}
\end{aligned}
$$

を得る。

　行列 A_3 の 1 列目の要素で最も絶対値が大きいのは, $(3,1)$ 要素の $-5/2$ であ

44 **4. 連立一次方程式**

る。そこで，1行目と3行目を交換すると

$$A_3' = \begin{bmatrix} -5/2 & -5 & 5 \\ \hline 1/4 & 3/2 & 5/2 \\ 1 & 4 & -6 \end{bmatrix}$$

これより

$$A_3' = \begin{bmatrix} 1 & & \\ \hline -1/10 & * & \\ -2/5 & * & * \end{bmatrix} \begin{bmatrix} -5/2 & -5 & 5 \\ \hline & * & * \\ & & * \end{bmatrix} \tag{4.18}$$

ならびに

$$A_2 = \begin{bmatrix} 3/2 & 5/2 \\ 4 & -6 \end{bmatrix} - \begin{bmatrix} -1/10 \\ -2/5 \end{bmatrix} \begin{bmatrix} -5 & 5 \end{bmatrix} = \begin{bmatrix} 1 & 3 \\ 2 & -4 \end{bmatrix}$$

を得る。

行列 A_2 の1列目の要素で最も絶対値が大きいのは，$(2,1)$ 要素の2である。そこで，1行目と2行目を交換すると

$$A_2' = \begin{bmatrix} 2 & -4 \\ \hline 1 & 3 \end{bmatrix}$$

これより

$$A_2' = \begin{bmatrix} 1 & \\ \hline 1/2 & * \end{bmatrix} \begin{bmatrix} 2 & -4 \\ \hline & * \end{bmatrix} \tag{4.19}$$

ならびに

$$A_1 = \begin{bmatrix} 3 \end{bmatrix} - \begin{bmatrix} 1/2 \end{bmatrix} \begin{bmatrix} -4 \end{bmatrix} = \begin{bmatrix} 5 \end{bmatrix}$$

を得る。

行の交換を行列を用いて表そう。行列 A_4 の1行目と2行目の交換は

$$P_{12} = \begin{bmatrix} 0 & 1 & 0 & 0 \\ 1 & 0 & 0 & 0 \\ 0 & 0 & 1 & 0 \\ 0 & 0 & 0 & 1 \end{bmatrix}$$

で表される。行列 P_{12} を左から乗ずると，1行目と2行目が交換される。

$$
\begin{bmatrix} 2\,\text{行目} \\ 1\,\text{行目} \\ 3\,\text{行目} \\ 4\,\text{行目} \end{bmatrix} = \begin{bmatrix} 0 & 1 & 0 & 0 \\ 1 & 0 & 0 & 0 \\ 0 & 0 & 1 & 0 \\ 0 & 0 & 0 & 1 \end{bmatrix} \begin{bmatrix} 1\,\text{行目} \\ 2\,\text{行目} \\ 3\,\text{行目} \\ 4\,\text{行目} \end{bmatrix}
$$

行列 A_3 の1行目と3行目は，A_4 の2行目と4行目に対応する。行列 A_4 の2行目と4行目の交換は

$$
P_{24} = \begin{bmatrix} 1 & 0 & 0 & 0 \\ 0 & 0 & 0 & 1 \\ 0 & 0 & 1 & 0 \\ 0 & 1 & 0 & 0 \end{bmatrix}
$$

で表される。行列 A_2 の1行目と2行目は，A_4 の3行目と4行目に対応する。行列 A_4 の3行目と4行目の交換は

$$
P_{34} = \begin{bmatrix} 1 & 0 & 0 & 0 \\ 0 & 1 & 0 & 0 \\ 0 & 0 & 0 & 1 \\ 0 & 0 & 1 & 0 \end{bmatrix}
$$

で表される。このような行列を**単位置換行列**（unit permutation matrix）と呼ぶ。

上記の計算で，行を交換する過程を模式的に表すと

$$
\begin{bmatrix} 2\,\text{行目} \\ 4\,\text{行目} \\ 1\,\text{行目} \\ 3\,\text{行目} \end{bmatrix} \overset{P_{34}\times}{\Longleftarrow} \begin{bmatrix} 2\,\text{行目} \\ 4\,\text{行目} \\ 3\,\text{行目} \\ 1\,\text{行目} \end{bmatrix} \overset{P_{24}\times}{\Longleftarrow} \begin{bmatrix} 2\,\text{行目} \\ 1\,\text{行目} \\ 3\,\text{行目} \\ 4\,\text{行目} \end{bmatrix} \overset{P_{12}\times}{\Longleftarrow} \begin{bmatrix} 1\,\text{行目} \\ 2\,\text{行目} \\ 3\,\text{行目} \\ 4\,\text{行目} \end{bmatrix}
$$

したがって，行の交換はまとめて

46   4. 連立一次方程式

$$P = P_{34}P_{24}P_{12} = \begin{bmatrix} 0 & 1 & 0 & 0 \\ 0 & 0 & 0 & 1 \\ 1 & 0 & 0 & 0 \\ 0 & 0 & 1 & 0 \end{bmatrix}$$

で表される。このような行列を**置換行列**（permutation matrix）と呼ぶ。1 行目に 2 行目が，2 行目に 4 行目が，3 行目に 4 行目が，4 行目に 1 行目が移るので，置換行列 P の $(1,2)$ 要素，$(2,4)$ 要素，$(3,4)$ 要素，$(4,1)$ 要素の値が 1 である。

上記の計算は，行を交換した行列 PA が LU 分解できることを意味する。上記の計算結果から，行列 PA の LU 分解を求めよう。行列 A'_4 の LU 分解（式 (4.17)）のときには，置換 P_{12} はなされているが，置換 P_{24} と P_{34} はなされていない。したがって，この結果を行列 PA の LU 分解に適用するためには，置換 P_{24} と P_{34} を適用する必要がある。行の交換は，置換行列を左から乗ずることに相当する。LU 分解に置換行列を左から乗ずると，下三角行列の行が交換される。そこで，式 (4.17) で求められている下三角行列の要素の列に，置換 P_{24} と P_{34} を適用する。

$$\begin{bmatrix} 1 \\ 1/2 \\ 0 \\ -1/4 \end{bmatrix} \quad \overset{P_{34}\times}{\Longleftarrow} \quad \begin{bmatrix} 1 \\ 1/2 \\ -1/4 \\ 0 \end{bmatrix} \quad \overset{P_{24}\times}{\Longleftarrow} \quad \begin{bmatrix} 1 \\ 0 \\ -1/4 \\ 1/2 \end{bmatrix}$$

行列 A'_3 の LU 分解（式 (4.18)）のときには，置換 P_{12} と P_{24} はなされているが，置換 P_{34} はなされていない。そこで，式 (4.18) で求められている下三角行列の要素の列に，置換 P_{34} を適用する。

$$\begin{bmatrix} 1 \\ -2/5 \\ -1/10 \end{bmatrix} \quad \overset{P_{34}\times}{\Longleftarrow} \quad \begin{bmatrix} 1 \\ -1/10 \\ -2/5 \end{bmatrix}$$

行列 A'_2 の LU 分解（式 (4.19)）のときには，置換 P_{12}, P_{24}, P_{34} がなされてい

4.4 冗長な連立一次方程式 47

るので，置換を適用する必要はない。

けっきょく，行列 PA の LU 分解は

$$PA = \begin{bmatrix} 1 & & & \\ 1/2 & 1 & & \\ 0 & -2/5 & 1 & \\ -1/4 & -1/10 & 1/2 & 1 \end{bmatrix} \begin{bmatrix} 8 & 1 & 6 & -2 \\ & -5/2 & -5 & 5 \\ & & 2 & -4 \\ & & & 5 \end{bmatrix}$$

と表される。以上の計算を，**ピボット選択型 LU 分解** (LU decomposition with pivoting) と呼ぶ。

MATLAB 上で行列 A のピボット選択型 LU 分解は，[L,U,P] = lu(A); と表される。このとき連立一次方程式 $Ax = b$ は，$PAx = Pb$，すなわち $LUx = Pb$ と書くことができるので，解 x を求めるためには

```
[L,U,P] = lu(A);
y = L\(P*b);
x = U\y;
```

を実行すればよい。

4.4 冗長な連立一次方程式

変数の個数が式の個数より多い場合，連立一次方程式は**冗長** (redundant) であるという。ガウスの消去法は冗長な連立一次方程式を解くことができる。例えば変数の個数が 5，式の個数が 3 であるつぎの連立一次方程式を解こう。

$$\begin{cases} 0x & +0y & -3z & -1u & -2v & = & 4 \\ 2x & -4y & +5z & +1u & -2v & = & -2 \\ 2x & -4y & +2z & -5u & +1v & = & 7 \end{cases} \tag{4.20}$$

1 番目の式における変数 x の係数が 0 であるので，1 番目の式と 2 番目の式を交換する。

48   4. 連立一次方程式

$$\begin{cases} 2x & -4y & +5z & +1u & -2v & = & -2 \\ 0x & +0y & -3z & -1u & -2v & = & 4 \\ 2x & -4y & +2z & -5u & +1v & = & 7 \end{cases}$$

1番目の式における変数 x の係数をピボットに選び，ピボット操作を行うと

$$\begin{cases} \boxed{2}x & -4y & +5z & +1u & -2v & = & -2 & （ピボットの選択） \\ 0x & +0y & -3z & -1u & -2v & = & 4 & （2行目から 0×1行目を引く） \\ 2x & -4y & +2z & -5u & +1v & = & 7 & （3行目から 1×1行目を引く） \end{cases}$$

$$\begin{cases} 2x & -4y & +5z & +1u & -2v & = & -2 \\ & 0y & -3z & -1u & -2v & = & 4 \\ & 0y & -3z & -6u & +3v & = & 9 \end{cases}$$

を得る。このとき，2番目の式の変数 y の係数は 0，3番目の式の変数 y の係数が 0 であるため，式の入れ換えでピボットを得ることができない。そこで，ピボットとして y 以降の変数の係数を選ぼう。この場合，2番目の式における変数 z の係数をピボットに選ぶことができる。そこで，変数 y の項と変数 z の項の順序を入れ替えると

$$\begin{cases} 2x & +5z & -4y & +1u & -2v & = & -2 \\ & -3z & 0y & -1u & -2v & = & 4 \\ & -3z & 0y & -6u & +3v & = & 9 \end{cases}$$

ピボット操作を行うと

$$\begin{cases} 2x & +5z & -4y & +1u & -2v & = & -2 \\ & \boxed{-3}z & 0y & -1u & -2v & = & 4 & （ピボットの選択） \\ & -3z & 0y & -6u & +3v & = & 9 & （3行目から 1×2行目を引く） \end{cases}$$

$$\begin{cases} 2x & +5z & -4y & +1u & -2v & = & -2 \\ & -3z & 0y & -1u & -2v & = & 4 \\ & & 0y & -5u & +5v & = & 5 \end{cases}$$

を得る。このとき，3番目の式における y の係数が 0 であるので，変数 y の項と変数 u の項の順序を入れ替え，変数 u の係数をピボットに選ぶ。

4.4 冗長な連立一次方程式 49

$$\begin{cases} \boxed{2}x & +5z & +1u & -4y & -2v & = & -2 \\ & \boxed{-3}z & -1u & 0y & -2v & = & 4 \\ & & \boxed{-5}u & 0y & +5v & = & 5 \end{cases}$$

係数がピボットとして選ばれていない変数 y, v は，任意の値をとることができる。任意のパラメータ α, β に対して，$y = \alpha, \quad v = \beta$ とおくと，上式は

$$\begin{bmatrix} 2 & 5 & 1 \\ & -3 & -1 \\ & & -5 \end{bmatrix} \begin{bmatrix} x \\ z \\ u \end{bmatrix} = \begin{bmatrix} -2 \\ 4 \\ 5 \end{bmatrix} - \begin{bmatrix} -4 & -2 \\ 0 & -2 \\ 0 & 5 \end{bmatrix} \begin{bmatrix} \alpha \\ \beta \end{bmatrix}$$

となる。最後の式から解くことにより

$$u = \beta - 1$$
$$z = -\beta - 1$$
$$x = 2\alpha + 3\beta + 2$$

を得る。まとめると

$$\begin{bmatrix} x \\ y \\ z \\ u \\ v \end{bmatrix} = \begin{bmatrix} 2 \\ 0 \\ -1 \\ -1 \\ 0 \end{bmatrix} + \alpha \begin{bmatrix} 2 \\ 1 \\ 0 \\ 0 \\ 0 \end{bmatrix} + \beta \begin{bmatrix} 3 \\ 0 \\ -1 \\ 1 \\ 1 \end{bmatrix}$$

と表すことができる。さらに変数ベクトル $\boldsymbol{x} = [\,x, y, z, u, v,]^{\mathrm{T}}$ とパラメータベクトル $\boldsymbol{\alpha} = [\,\alpha, \beta\,]^{\mathrm{T}}$ を導入し

$$\boldsymbol{x}_0 = \begin{bmatrix} 2 \\ 0 \\ -1 \\ -1 \\ 0 \end{bmatrix}, \qquad Z = \begin{bmatrix} 2 & 3 \\ 1 & 0 \\ 0 & -1 \\ 0 & 1 \\ 0 & 1 \end{bmatrix}$$

とおくと，連立一次方程式の解は

$$\boldsymbol{x} = \boldsymbol{x}_0 + Z\boldsymbol{\alpha}$$

と表される.以上のようにピボットを選ぶことにより,冗長な連立一次方程式の一般解を計算することができる.行列 Z の第 1 行を z_1,第 2 行を z_2 で表す.図 4.1 に示すように,上式で与えられる解の集合は点 x_0 を含み,ベクトル z_1, z_2 に沿う平面で与えられる.

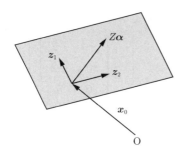

図 4.1 連立一次方程式の一般解の集合

章 末 問 題

【1】 4.1 節における係数行列 A と上三角行列 U は

$$U = HGFA$$

を満たす.行列の積 HGF が下三角行列であることを示せ.また,行列 F^{-1}, G^{-1}, H^{-1} の下三角要素が行列 $L = F^{-1}G^{-1}H^{-1}$ の下三角要素に直接対応しているのに対して,積 HGF の下三角要素に行列 F, G, H の下三角要素が直接対応しているとは限らない.その理由を考えよ.

【2】 ピボット型 LU 分解のアルゴリズムを構成せよ.

【3】 ピボット選択型 LU 分解のアルゴリズムを構成せよ.

【4】 式 (4.20) に示した連立一次方程式の係数行列

$$A = \begin{bmatrix} 0 & 0 & -3 & -1 & -2 \\ 2 & -4 & 5 & 1 & -2 \\ 2 & -4 & 2 & -5 & 1 \end{bmatrix}$$

に対して,4.4 節で行った行の変換は,$P = P_{12}$ を左から乗ずる演算で表される.一方,列の変換は,$Q = P_{23}P_{34}$ を右から乗ずる演算で表される.このとき

$$PAQ = L \begin{bmatrix} U & | & B \end{bmatrix} \tag{4.21}$$

ただし

$$L = \begin{bmatrix} 1 & & \\ 0 & 1 & \\ 1 & 1 & 1 \end{bmatrix}, \quad U = \begin{bmatrix} 2 & 5 & 1 \\ & -3 & -1 \\ & & -5 \end{bmatrix}, \quad B = \begin{bmatrix} -4 & -2 \\ 0 & -2 \\ 0 & 5 \end{bmatrix}$$

と表されることを示せ。行列 L は下三角行列，U は上三角行列である。この結果を用いて，冗長な連立一次方程式 $A\boldsymbol{x} = \boldsymbol{b}$ を解くアルゴリズムを考察せよ。

【5】 正定対称行列 A は下三角行列 L を用いて $A = U^{\mathrm{T}}U$ と表すことができる。これは LU 分解の特別な場合であり，**コレスキー分解**（Cholesky decomposition）と呼ばれる。行列

$$A = \begin{bmatrix} 4 & 2 & -2 & 2 \\ 2 & 10 & 2 & -5 \\ -2 & 2 & 3 & -4 \\ 2 & -5 & -4 & 10 \end{bmatrix}$$

のコレスキー分解を，LU 分解と同様のピボット型アルゴリズムで求めよ。計算過程をもとにコレスキー分解のアルゴリズムを構成せよ。

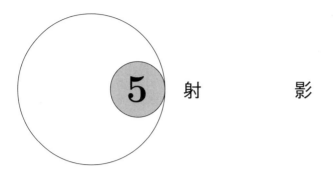

5 射　　　影

　本章では，射影（projection）の計算法を紹介する．射影は，線形空間におけるノルム最小の概念とかかわっており，線形システム制御理論では欠かせない数学的ツールである．本章では，変数の個数より式の個数が多い連立一次方程式における誤差最小解，変数の個数が式の個数より多い連立一次方程式におけるノルム最小解を，射影を用いて計算する手法を述べる．

5.1　正規方程式と射影行列

　変数の個数より式の個数が多い場合，連立一次方程式は**過拘束**（over-constrained）であるという．多くの観測値や実験値に少数のパラメータで規定されるモデルを当てはめる場合，このような連立方程式が生じる．変数の個数より式の個数が多い連立方程式は一般に解を持たない．例えば，変数の個数が 2，式の個数が 3 である連立一次方程式

$$\begin{cases} 1x + 0y = 1 \\ 2x - 1y = 6 \\ -1x + 1y = -2 \end{cases}$$

は解を持たない．これは

$$\begin{bmatrix} 1 \\ 2 \\ -1 \end{bmatrix} x + \begin{bmatrix} 0 \\ -1 \\ 1 \end{bmatrix} y = \begin{bmatrix} 1 \\ 6 \\ -2 \end{bmatrix}$$

を満たす x, y が存在しないことを意味する．上式を幾何学的に解釈しよう．

図 5.1(a) に示すように,ベクトル $\boldsymbol{a}_1 = [\,1,\,2,\,-1\,]^{\mathrm{T}}$ と $\boldsymbol{a}_2 = [\,0,\,-1,\,1\,]^{\mathrm{T}}$ は三次元空間内のベクトルである。一次結合 $[\,1,\,2,\,-1\,]^{\mathrm{T}}x + [\,0,\,-1,\,1\,]^{\mathrm{T}}y$ は,二つのベクトル $[\,1,\,2,\,-1\,]^{\mathrm{T}}$ と $[\,0,\,-1,\,1\,]^{\mathrm{T}}$ を含む平面内にある。したがって上式の左辺は,二つのベクトル $[\,1,\,2,\,-1\,]^{\mathrm{T}}$ と $[\,0,\,-1,\,1\,]^{\mathrm{T}}$ からなる平面を表す。一方,右辺の定数ベクトル $\boldsymbol{b} = [\,1,\,6,\,-2\,]^{\mathrm{T}}$ は,この平面上にない。したがって上式を満たす x, y は存在しない。

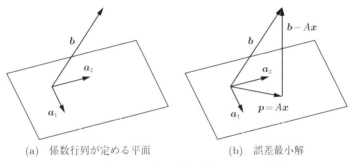

(a) 係数行列が定める平面　　(b) 誤差最小解

図 **5.1**　解がない連立一次方程式における最良解

厳密な解は存在しないので,誤差が最小となる解を求めよう。係数行列

$$A = \begin{bmatrix} \boldsymbol{a}_1 & \boldsymbol{a}_2 \end{bmatrix} = \begin{bmatrix} 1 & 0 \\ 2 & -1 \\ -1 & 1 \end{bmatrix}$$

と変数ベクトル

$$\boldsymbol{x} = \begin{bmatrix} x \\ y \end{bmatrix}$$

を導入すると,連立一次方程式は

$$A\boldsymbol{x} = \boldsymbol{b}$$

と表される。図 5.1(b) に示すように,誤差が最小となる解は定数ベクトル $\boldsymbol{b}$ から行列 A の二つの列ベクトルが定める平面への垂線で与えられる。垂線の足を $\boldsymbol{p} = A\boldsymbol{x}$ で表すと,垂線に沿うベクトルは $\boldsymbol{b} - A\boldsymbol{x}$ と表される。ベクトル $\boldsymbol{b} - A\boldsymbol{x}$ が平面に直交するという条件は,二つの列ベクトル $[\,1,\,2,\,-1\,]^{\mathrm{T}}$ と $[\,0,\,-1,\,1\,]^{\mathrm{T}}$

54   5. 射　　　　　影

がベクトル $\boldsymbol{b} - A\boldsymbol{x}$ に直交することを意味する。

$$\begin{bmatrix} 1 \\ 2 \\ -1 \end{bmatrix} \perp \boldsymbol{b} - A\boldsymbol{x}, \qquad \begin{bmatrix} 0 \\ -1 \\ 1 \end{bmatrix} \perp \boldsymbol{b} - A\boldsymbol{x}$$

直交するベクトルどうしの内積は 0 であるので

$$\begin{bmatrix} 1 & 2 & -1 \end{bmatrix} \begin{bmatrix} \boldsymbol{b} - A\boldsymbol{x} \end{bmatrix} = 0, \qquad \begin{bmatrix} 0 & -1 & 1 \end{bmatrix} \begin{bmatrix} \boldsymbol{b} - A\boldsymbol{x} \end{bmatrix} = 0$$

以上の二式をまとめると

$$\begin{bmatrix} 1 & 2 & -1 \\ 0 & -1 & 1 \end{bmatrix} \begin{bmatrix} \boldsymbol{b} - A\boldsymbol{x} \end{bmatrix} = \begin{bmatrix} 0 \\ 0 \end{bmatrix}$$

すなわち

$$A^{\mathrm{T}}(\boldsymbol{b} - A\boldsymbol{x}) = \boldsymbol{0}$$

が成り立ち，これより

$$A^{\mathrm{T}}A\boldsymbol{x} = A^{\mathrm{T}}\boldsymbol{b} \tag{5.1}$$

が得られる。この式を**正規方程式**（normal equation）と呼ぶ。行列 A がフルランクであるならば $A^{\mathrm{T}}A$ は正定対称行列であるので，正規方程式の係数行列 $A^{\mathrm{T}}A$ は正則である。したがって，行列 A がフルランクであるならば，正規方程式は必ず解くことができる。

　正規方程式 $A^{\mathrm{T}}A\boldsymbol{x} = A^{\mathrm{T}}\boldsymbol{b}$ を解くと，$\boldsymbol{x} = (A^{\mathrm{T}}A)^{-1}A^{\mathrm{T}}\boldsymbol{b}$ が得られる。このとき $\boldsymbol{p} = A\boldsymbol{x}$ は

$$\boldsymbol{p} = A(A^{\mathrm{T}}A)^{-1}A^{\mathrm{T}}\boldsymbol{b} \tag{5.2}$$

行列 $A(A^{\mathrm{T}}A)^{-1}A^{\mathrm{T}}$ を**射影行列**（projection matrix）と呼ぶ。**図 5.2** に示すように射影行列 $A(A^{\mathrm{T}}A)^{-1}A^{\mathrm{T}}$ は，任意のベクトル $\boldsymbol{b}$ を係数行列 A の列ベクトルからなる空間に写像する。

　射影行列を計算してみよう。行列

5.1 正規方程式と射影行列   55

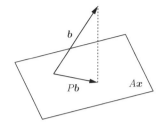

図 **5.2** 行列の列ベクトルから
なる空間への射影

$$A = \begin{bmatrix} 1 & 0 \\ 0 & 1 \\ 0 & 0 \end{bmatrix}, \quad B = \begin{bmatrix} 2 & 1 \\ 1 & 2 \\ 0 & 0 \end{bmatrix}$$

の射影行列 P_A, P_B を計算すると

$$P_A = P_B = \begin{bmatrix} 1 & 0 & 0 \\ 0 & 1 & 0 \\ 0 & 0 & 0 \end{bmatrix}$$

を得る。行列 A の列ベクトル $[1, 0, 0]^T$ と $[0, 1, 0]^T$ を含む平面は x–y 平面である。射影行列 P_A はベクトル $[x, y, z]^T$ を $[x, y, 0]^T$ に写像する。これは x–y 平面への射影である。また，行列 B の列ベクトル $[2, 1, 0]^T$ と $[1, 2, 0]^T$ を含む平面も x–y 平面であるので，射影行列 P_A と P_B は一致する。

　射影行列は，行列の列ベクトルが張る空間に対して一意に決まる。異なる行列でも列ベクトルが張る空間が同じであれば，射影行列は同一である。したがって，射影行列は，列に関する基本変形に対して不変であり，つぎのような計算が可能である。

$$\begin{bmatrix} 0 & 5 \\ 1 & -3 \\ -2 & 6 \end{bmatrix}$$ の射影行列

$$= \begin{bmatrix} 5 & 0 \\ -3 & 1 \\ 6 & -2 \end{bmatrix}$$ の射影行列（1 列と 2 列を交換）

$$= \begin{bmatrix} 5 & 0 \\ 0 & 1 \\ 0 & -2 \end{bmatrix} \text{の射影行列 (1 列に 2 列の 3 倍を加算)}$$

$$= \begin{bmatrix} 1 & 0 \\ 0 & 1/\sqrt{5} \\ 0 & -2/\sqrt{5} \end{bmatrix} \text{の射影行列 (1 列を } (1/5) \text{ 倍, 2 列を } (1/\sqrt{5}) \text{ 倍)}$$

得られた行列の列ベクトル $\boldsymbol{q}_1 = [1, 0, 0]^{\mathrm{T}}$ と $\boldsymbol{q}_2 = [1/\sqrt{5}, 0, -2/\sqrt{5}]^{\mathrm{T}}$ は正規直交系 (5.2 節) をなしており, 射影行列を簡単に計算することができる.

$$P = \boldsymbol{q}_1 \boldsymbol{q}_1^{\mathrm{T}} + \boldsymbol{q}_2 \boldsymbol{q}_2^{\mathrm{T}}$$

$$= \begin{bmatrix} 1 & 0 & 0 \\ 0 & 1/5 & -2/5 \\ 0 & -2/5 & 4/5 \end{bmatrix}$$

つぎに, 単位ベクトル $\boldsymbol{q}$ からなる行列

$$C = \begin{bmatrix} \boldsymbol{q} \end{bmatrix}$$

の射影行列 P_C を $\boldsymbol{q}^{\mathrm{T}}\boldsymbol{q} = 1$ に注意して計算すると

$$P_C = C(C^{\mathrm{T}}C)^{-1}C^{\mathrm{T}} = \boldsymbol{q}\boldsymbol{q}^{\mathrm{T}}$$

を得る. この射影行列によりベクトル $\boldsymbol{b}$ は

$$P_C \boldsymbol{b} = (\boldsymbol{q}\boldsymbol{q}^{\mathrm{T}})\boldsymbol{b} = \boldsymbol{q}(\boldsymbol{q}^{\mathrm{T}}\boldsymbol{b}) = (\boldsymbol{q}^{\mathrm{T}}\boldsymbol{b})\boldsymbol{q} = (\boldsymbol{b}^{\mathrm{T}}\boldsymbol{q})\boldsymbol{q}$$

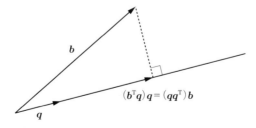

図 **5.3** 単位ベクトルを含む直線上への射影

に変換される。ここで $q^{\mathrm{T}}b = b^{\mathrm{T}}q$ がスカラーであることを用いている。図 **5.3** に示すように，上式は大きさがベクトル b の q 方向の成分，向きが単位ベクトル q で与えられるベクトルを表している。

⑤.2 正 規 直 交 系

いくつかのベクトルがたがいに直交しており各ベクトルの大きさが 1 であるとき，このベクトルの組を**正規直交系**（orthonormal system）と呼ぶ。例えば，二つのベクトル q_1, q_2 が正規直交系であるとは

正規 $\|\,q_1\,\| = 1, \qquad \|\,q_2\,\| = 1$

直交 $q_1 \perp q_2$

が成り立つことである。この条件を内積を用いて表すと

正規 $q_1^{\mathrm{T}}q_1 = 1, \qquad q_2^{\mathrm{T}}q_2 = 1$

直交 $q_1^{\mathrm{T}}q_2 = q_2^{\mathrm{T}}q_1 = 0$

行列 A の列ベクトルが正規直交系をなすとき，射影の計算が簡単になる。例えば，正規直交系をなす二つのベクトル q_1, q_2 を列ベクトルとする行列 A の射影を計算しよう。行列 A は

$$A = \begin{bmatrix} q_1 & q_2 \end{bmatrix}$$

と表せる。正規方程式の係数行列 $A^{\mathrm{T}}A$ を計算すると

$$A^{\mathrm{T}}A = \begin{bmatrix} q_1^{\mathrm{T}} \\ q_2^{\mathrm{T}} \end{bmatrix} \begin{bmatrix} q_1 & q_2 \end{bmatrix} = \begin{bmatrix} q_1^{\mathrm{T}}q_1 & q_1^{\mathrm{T}}q_2 \\ q_2^{\mathrm{T}}q_1 & q_2^{\mathrm{T}}q_2 \end{bmatrix} = \begin{bmatrix} 1 & 0 \\ 0 & 1 \end{bmatrix}$$

を得る。すなわち A は直交行列である。したがって射影行列は

$$A(A^{\mathrm{T}}A)^{-1}A^{\mathrm{T}} = \begin{bmatrix} q_1 & q_2 \end{bmatrix} \begin{bmatrix} q_1^{\mathrm{T}} \\ q_2^{\mathrm{T}} \end{bmatrix} = q_1 q_1^{\mathrm{T}} + q_2 q_2^{\mathrm{T}}$$

となる。このとき

$$p = A(A^{\mathrm{T}}A)^{-1}A^{\mathrm{T}}b = (q_1 q_1^{\mathrm{T}})b + (q_2 q_2^{\mathrm{T}})b$$

が得られる。右辺の第 1 項は

58   5. 射　　　影

$$(q_1 q_1^{\mathrm{T}})b \;=\; q_1(q_1^{\mathrm{T}} b) \;=\; (b^{\mathrm{T}} q_1)q_1$$

となる。ここで $b^{\mathrm{T}} q_1$ はスカラー積であり，ベクトル $(b^{\mathrm{T}} q_1)q_1$ は，ベクトル b の単位ベクトル q_1 方向の射影を表す。第2項も同様に計算できるので，結果として

$$p \;=\; (b^{\mathrm{T}} q_1)q_1 + (b^{\mathrm{T}} q_2)q_2$$

を得る。すなわち行列 A が直交行列の場合に射影を計算するときには，各列ベクトルへの射影を独立に計算し加算すればよい。

（5.3） グラム・シュミットの直交化と QR 分解

　行列の列ベクトルが正規直交系をなしていると射影の計算が容易である。したがって，与えられた行列の列ベクトルと同じ空間を定めるような正規直交系を求められると，列ベクトルの代わりに正規直交ベクトルを用いて，与えられた行列の射影を簡単に計算できる。

　行列 A の列ベクトルが3個のベクトル a_1, a_2, a_3 で与えられているとする。

$$A \;=\; \begin{bmatrix} a_1 & a_2 & a_3 \end{bmatrix}$$

行列 A の列ベクトル a_1, a_2, a_3 から正規直交系 q_1, q_2, q_3 を導く。まず，ベクトル a_1 から正規直交系 q_1 を導く。ただし，ベクトル a_1 が定める空間とベクトル q_1 が定める空間が等しくなるようにする。これは

$$b_1 \;=\; a_1, \qquad q_1 \;=\; \frac{b_1}{\| b_1 \|}$$

で実現できる。つぎに，ベクトル a_1, a_2 から正規直交系 q_1, q_2 を導く。ただし，ベクトル a_1, a_2 が定める空間とベクトル q_1, q_2 が定める空間が等しくなるようにする。ベクトル a_2 から q_1 方向の射影 $(a_2 \cdot q_1)q_1$ を引くと，ベクトル q_1 に直交するベクトル b_2 が得られる。さらにベクトル b_2 をその大きさで割って正規化すると，正規直交系 q_1, q_2 が得られる（図 5.4(a)）。

$$b_2 \;=\; a_2 - (a_2 \cdot q_1)q_1, \qquad q_2 \;=\; \frac{b_2}{\| b_2 \|}$$

5.3 グラム・シュミットの直交化と QR 分解

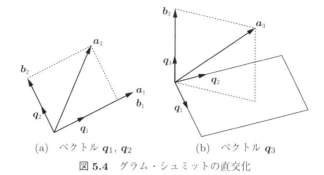

(a) ベクトル q_1, q_2 (b) ベクトル q_3

図 5.4 グラム・シュミットの直交化

つぎに，ベクトル a_1, a_2, a_3 から正規直交系 q_1, q_2, q_3 を導く．ただし，ベクトル a_1, a_2, a_3 が定める空間とベクトル q_1, q_2, q_3 が定める空間が等しくなるようにする．ベクトル a_3 から q_1 方向の射影 $(a_3 \cdot q_1)q_1$ と q_2 方向の射影 $(a_3 \cdot q_2)q_2$ を引くと，ベクトル q_1 と q_2 に直交するベクトル b_3 が得られる．さらにベクトル b_3 をその大きさで割って正規化すると，正規直交系 q_1, q_2, q_3 が得られる（図 (b)）．

$$b_3 = a_3 - (a_3 \cdot q_1)q_1 - (a_3 \cdot q_2)q_2$$
$$q_3 = \frac{b_3}{\|b_3\|}$$

以上の計算過程をグラム・シュミットの直交化 (Gram-Schmidt orthogonalization) と呼ぶ．

ベクトル a_1, a_2, a_3 を正規直交系 q_1, q_2, q_3 を用いて表すと

$$a_1 = \|b_1\| q_1$$
$$a_2 = \|b_2\| q_2 + (a_2 \cdot q_1)q_1$$
$$a_3 = \|b_3\| q_3 + (a_3 \cdot q_1)q_1 + (a_3 \cdot q_2)q_2$$

すなわち

$$\begin{bmatrix} a_1 & a_2 & a_3 \end{bmatrix} = \begin{bmatrix} q_1 & q_2 & q_3 \end{bmatrix} \begin{bmatrix} \|b_1\| & a_2 \cdot q_1 & a_3 \cdot q_1 \\ 0 & \|b_2\| & a_3 \cdot q_2 \\ 0 & 0 & \|b_3\| \end{bmatrix}$$

である。ここで

$$Q = \left[\begin{array}{ccc} \boldsymbol{q}_1 & \boldsymbol{q}_2 & \boldsymbol{q}_3 \end{array}\right], \qquad R = \left[\begin{array}{ccc} \|\boldsymbol{b}_1\| & \boldsymbol{a}_2 \cdot \boldsymbol{q}_1 & \boldsymbol{a}_3 \cdot \boldsymbol{q}_1 \\ 0 & \|\boldsymbol{b}_2\| & \boldsymbol{a}_3 \cdot \boldsymbol{q}_2 \\ 0 & 0 & \|\boldsymbol{b}_3\| \end{array}\right]$$

と定めると，行列 Q は直交行列，行列 R は上三角行列である。したがって，行列 A は直交行列 Q と上三角行列 R の積に分解される。このような分解を **QR分解**（QR decomposition）と呼ぶ。

正規方程式

$$A^{\mathrm{T}}A\boldsymbol{x} = A^{\mathrm{T}}\boldsymbol{b}$$

において，行列 A の QR 分解が求められているとする。このとき $A = QR$ より $A^{\mathrm{T}} = (QR)^{\mathrm{T}} = R^{\mathrm{T}}Q^{\mathrm{T}}$，$A^{\mathrm{T}}A = R^{\mathrm{T}}Q^{\mathrm{T}}QR$ が得られる。行列 Q は直交行列であるので $Q^{\mathrm{T}}Q$ は単位行列である。したがって，正規方程式は

$$R^{\mathrm{T}}R\boldsymbol{x} = R^{\mathrm{T}}Q^{\mathrm{T}}\boldsymbol{b}$$

となる。行列 A がフルランクであるとき，上三角行列 R は正則であり，下三角行列 R^{T} の逆行列が存在する。このとき正規方程式は

$$R\boldsymbol{x} = Q^{\mathrm{T}}\boldsymbol{b}$$

と表される。行列 R は上三角行列であるので，最後の式から順次解くことにより上式の解を求めることができる。

行列 A の QR 分解 $A = QR$ が求められているとき，射影行列は $A(A^{\mathrm{T}}A)^{-1}A^{\mathrm{T}} = (QR)(R^{\mathrm{T}}R)^{-1}(QR)^{\mathrm{T}}$ と表される。行列 A がフルランクであるとき，上三角行列 R は正則であるので，$(R^{\mathrm{T}}R)^{-1} = R^{-1}(R^{\mathrm{T}})^{-1}$ と表される。このとき射影行列は

$$A(A^{\mathrm{T}}A)^{-1}A^{\mathrm{T}} = QQ^{\mathrm{T}} = \boldsymbol{q}_1\boldsymbol{q}_1^{\mathrm{T}} + \boldsymbol{q}_2\boldsymbol{q}_2^{\mathrm{T}} + \boldsymbol{q}_3\boldsymbol{q}_3^{\mathrm{T}}$$

と表すことができる。すなわち射影行列の計算において行列 R は不要である。これは，行列 A の列ベクトルが定める空間と直交行列 Q の列ベクトルが定める空間が一致しているからである。

MATLABでは，行列 A の QR 分解を

```
[Q,R,index] = qr(A,0);
```

で求めることができる。行列 A がフルランクでなくてもよい。配列 index は，
列の入替えを表す。このとき，列を入れ替えた行列 A(:,index) が積 QR と一
致する。また，行列 A の射影行列は

```
n = rank(R);
P = Q(:,1:n)*Q(:,1:n)';
```

により計算することができる。関数 rank は行列のランクを計算する。

5.4 ノルム最小解

4.4 節で述べたように，ガウスの消去法を用いると冗長な連立一次方程式の
一般解を求めることができる。一般解の中で最も原点に近い解を求めてみよう。
このような解を**ノルム最小解**（minimum norm solution）と呼ぶ。冗長な連立
一次方程式の一般解は

$$x = x_0 + A\alpha$$

と表される。パラメータベクトルが $\alpha = [\alpha, \beta]^\mathrm{T}$ であり，定数ベクトル x_0 と
係数行列 A が

$$x_0 = \begin{bmatrix} -3 \\ 5 \\ -1 \\ 7 \end{bmatrix}, \qquad A = \begin{bmatrix} 1 & 2 \\ 2 & 3 \\ 1 & 4 \\ 0 & -3 \end{bmatrix}$$

で与えられる場合を例として，ノルム最小解の計算法を説明しよう。一般解の
集合は点 x_0 を通る二次元平面に一致する。行列 A の第 1 列ベクトルと第 2 列
ベクトルは二次元平面上のベクトルである。点 x_0 からノルム最小解に至るベ
クトルは，ベクトル $(-x_0)$ の行列 A が定める平面への射影に一致する。すな
わち，行列 A の射影行列を $P = A(A^\mathrm{T}A)^{-1}A^\mathrm{T}$ で表すと，点 x_0 からノルム最

62   5. 射   影

小解に至るベクトルは $P(-\boldsymbol{x}_0)$ で与えられる。ベクトル $\boldsymbol{x}_0$ と点 $\boldsymbol{x}_0$ からノルム最小解に至るベクトルの和がノルム最小解であるので，ノルム最小解は

$$\boldsymbol{x}_0 + P(-\boldsymbol{x}_0) = \boldsymbol{x}_0 - P\boldsymbol{x}_0$$

と表される。行列 A を QR 分解し，行列 A の第1列ベクトルと第2列ベクトルが張る平面の正規直交基底を計算すると

$$\boldsymbol{q}_1 = \frac{1}{\sqrt{6}}\begin{bmatrix} 1 \\ 2 \\ 1 \\ 0 \end{bmatrix}, \qquad \boldsymbol{q}_2 = \frac{1}{\sqrt{14}}\begin{bmatrix} 0 \\ -1 \\ 2 \\ -3 \end{bmatrix}$$

を得る。射影行列は $P = \boldsymbol{q}_1\boldsymbol{q}_1^{\mathrm{T}} + \boldsymbol{q}_2\boldsymbol{q}_2^{\mathrm{T}}$ で与えられ，ノルム最小解は

$$\boldsymbol{x}_0 - P\boldsymbol{x}_0 = \begin{bmatrix} -4 \\ 1 \\ 2 \\ 1 \end{bmatrix}$$

となる。以上のように射影行列を用いると，線型空間内で最も原点に近いノルム最小解を計算することができる。

章 末 問 題

【1】 射影行列 $P = A(A^{\mathrm{T}}A)^{-1}A^{\mathrm{T}}$ に対して $P^2 = P$ が成り立つことを示し，式の幾何学的な解釈を示せ。

【2】 つぎの行列の射影行列を求めよ。

$$A = \begin{bmatrix} \cos 30° & 0 \\ 0 & 1 \\ \sin 30° & 0 \end{bmatrix}, \quad B = \begin{bmatrix} -6 & 4 & 0 \\ 3 & -2 & 0 \\ -1 & 2 & 1 \\ 1 & -2 & -1 \\ -1 & 2 & 1 \end{bmatrix}, \quad C = \begin{bmatrix} 2 & 1 & 0 \\ 1 & 2 & 0 \\ 0 & 0 & 3 \end{bmatrix}$$

【3】 変数 t と f の値が

t	1	2	3	4	5
f	4	9	2	3	−3

で与えられる。変数 t と f の関係を二次式 $f = a + bt + ct^2$ で近似（approximation）する。パラメータ a, b, c の値を求めよ。

【 4 】 2章の章末問題【 7 】に示すような，ノイズを含む正弦波信号が得られている。周波数 f が既知であるとき，振幅 A と位相差 δ の値を求めよ。

【 5 】 行列 A が必ずしもフルランクでない場合に，QR分解を用いて行列 A の射影行列を計算する手法を述べよ。

【 6 】 正方行列 A に対して $A\boldsymbol{x} = \lambda\boldsymbol{x}$ を満たすスカラー λ を行列 A の固有値（eigenvalue），ベクトル $\boldsymbol{x}$ を固有値 λ に対応する固有ベクトル（eigenvector）と呼ぶ。実対称正方行列の固有値を QR分解を用いて計算する手法がある。以下の問に答えよ。

(1) 行列 A と直交行列 U はともに大きさが等しい正方行列とする。このとき行列 A の固有値と行列 $U^{\mathrm{T}}AU$ の固有値が等しいことを示せ。

(2) 正方行列 A の QR分解を $A = QR$ とする。このとき行列 A の固有値と行列 RQ の固有値が等しいことを示せ。

(3) 実対称正方行列 A に対してつぎの計算を実行する。

$$A_0 = A$$
$$A_0 = Q_0 R_0, \qquad A_1 = R_0 Q_0$$
$$A_1 = Q_1 R_1, \qquad A_2 = R_1 Q_1$$
$$\vdots$$
$$A_k = Q_k R_k, \qquad A_{k+1} = R_k Q_k$$

ここで $A_k = Q_k R_k$ は行列 A_k の QR分解である。行列 A_k の QR分解により直交行列 Q_k と上三角行列 R_k を求めた後に，上三角行列 R_k と直交行列 Q_k の積を行列 A_{k+1} とする。行列 A の固有値と行列 A_k の固有値が一致することを示せ。

(4) 上式の計算において繰返しの回数 k を大きくすると，実対称正方行列 A_k の対角要素には行列 A の固有値が現れることが示されている。数値例で確認せよ。

【 7 】 行列 A は $m \times n$ 行列であるとする。行列 AA^{T} の0でない固有値と行列 $A^{\mathrm{T}}A$ の0でない固有値は一致することが知られている。これらの固有値の平方根を対角要素とする $m \times n$ 行列を Σ とする。実対称行列 AA^{T} の固有ベクトルを列とする $m \times m$ 行列を U，実対称行列 $A^{\mathrm{T}}A$ の固有ベクトルを列とする $n \times n$ 行列を V とする。ただし，固有ベクトルの順序は，行列 Σ の対角要素における固有値の順序に対応させる。このとき

$$A = U\Sigma V^{\mathrm{T}}$$

64   5. 射   影

が成り立つことが知られている。上式を**特異値分解**（singular value decomposition：SVD）と呼ぶ。行列

$$A = \begin{bmatrix} 1 & 0 \\ 1 & -1 \\ 0 & 1 \end{bmatrix}$$

の特異値分解を求めよ。さらに，行列 A と行列 V の列ベクトルとの積，行列 A^T と行列 U の列ベクトルとの積を計算し，特異値分解の幾何学的な解釈を示せ。MATLAB では，行列 A の特異値分解を

```
[U,S,V] = svd(A)
```

で求めることができる。

　行列 AA^T ならびに $A^\mathrm{T}A$ は非負定対称行列であるので，固有値は非負の実数であり，それぞれの行列の固有ベクトルはたがいに直交する。したがって，行列 Σ の対角成分は必ず正であり，行列 U と V は直交行列となる。これは任意の行列に対して（非対称行列や非正方行列に対しても）特異値分解が可能であることを意味する。このような一般性のため，特異値分解は制御や画像処理など工学の幅広い分野で用いられている。

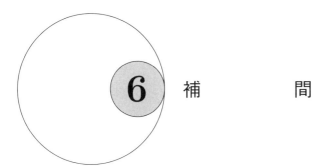

6 補　　間

工学では有限個の観測値から全体の挙動を推定する必要がたびたび生じる。このような場合，有限個の観測値を**補間**（interpolation）し，全体の挙動を表す関数を構成する。本章では補間の手法を紹介する。

6.1　区分線形補間

変数 x の関数 $f(x)$ の値が離散点で与えられているとする。例えば，変数 $x = 0, 1, 2, 3, 4, 5$ において関数値 $f = f_0, f_1, f_2, f_3, f_4, f_5$ が与えられているとする。**区分線形補間**（piecewise linear interpolation）では，各区間 $[0, 1], [1, 2], [2, 3], [3, 4], [4, 5]$ において関数値を一次式で表す。すなわち関数 $f(x)$ を

$$f(x) = \begin{cases} L_0(x) & (x \in [0, 1]) \\ L_1(x) & (x \in [1, 2]) \\ L_2(x) & (x \in [2, 3]) \\ L_3(x) & (x \in [3, 4]) \\ L_4(x) & (x \in [4, 5]) \end{cases}$$

により定める。ここで $L_0(x), L_1(x), L_2(x), L_3(x), L_4(x)$ は一次式である。

一次式 $L_0(x)$ を求めよう。変数 x の値が 0 のとき関数値は f_0，変数 x の値が 1 のとき関数値は f_1 である。したがって一次式 $L_0(x)$ は

$$L_0(x) \;=\; f_0 \times \quad\quad\quad +\; f_1 \times$$

$$=\; f_0\,\phi_0(x) + f_1\,\phi_1(x)$$

と表すことができる。ここで $\phi_0(x)$ と $\phi_1(x)$ は

$$\phi_0(0) \;=\; 1, \qquad \phi_0(1) \;=\; 0$$
$$\phi_1(0) \;=\; 0, \qquad \phi_1(1) \;=\; 1$$

を満たす一次関数である。関数 $\phi_0(x)$, $\phi_1(x)$ を計算すると

$$\phi_0(x) \;=\; 1 - x, \qquad \phi_1(x) \;=\; x$$

を得る。

一次式 $L_1(x)$ を求めよう。変数 x の値が 1 のとき関数値は f_1, 変数 x の値が 2 のとき関数値は f_2 である。関数 $\phi_0(x)$ を $+1$ 平行移動させた関数 $\phi_0(x-1)$ は, $x = 1$ で関数値が 1, $x = 2$ で関数値が 0 である。関数 $\phi_1(x)$ を $+1$ 平行移動させた関数 $\phi_1(x-1)$ は, $x = 1$ で関数値が 0, $x = 2$ で関数値が 1 である。したがって, 一次式 $L_1(x)$ は $f_1\,\phi_0(x-1) + f_2\,\phi_1(x-1)$ と書くことができる。以降の一次式も同様に求められる。以上をまとめると

$$L_0(x) \;=\; f_0\,\phi_0(x-0) + f_1\,\phi_1(x-0)$$
$$L_1(x) \;=\; f_1\,\phi_0(x-1) + f_2\,\phi_1(x-1)$$
$$L_2(x) \;=\; f_2\,\phi_0(x-2) + f_3\,\phi_1(x-2)$$
$$L_3(x) \;=\; f_3\,\phi_0(x-3) + f_4\,\phi_1(x-3)$$
$$L_4(x) \;=\; f_4\,\phi_0(x-4) + f_5\,\phi_1(x-4)$$

となる。

上述の議論を幾何学的に解釈する。座標値が $0, 1, x$ となる数直線上の点を O, A, P と定めると

$$\phi_0(x) \;=\; \frac{\text{PA}}{\text{OA}}, \qquad \phi_1(x) \;=\; \frac{\text{OP}}{\text{OA}}$$

と書くことができる。すなわち関数 $\phi_0(x)$, $\phi_1(x)$ は長さの比で与えられる。つぎに，座標値が x_i, x_j となる点 P_i, P_j において関数値 f_i, f_j が与えられているとする。区間 P_iP_j における関数値を一次式 $L_{i,j}(x)$ で表す。長さ比

$$N_{i,j}(x) \;=\; \frac{PP_j}{P_iP_j} = \frac{x_j - x}{x_j - x_i} \tag{6.1}$$

$$N_{j,i}(x) \;=\; \frac{P_iP}{P_iP_j} = \frac{x - x_i}{x_j - x_i} \tag{6.2}$$

を導入すると，上述の議論より区間 P_iP_j における線形補間は

$$L_{i,j}(x) \;=\; f_i\, N_{i,j}(x) + f_j\, N_{j,i}(x) \tag{6.3}$$

と表される。

つぎに，2 変数関数の区分線形補間を求めよう。2 変数 x, y の関数 $f(x, y)$ の値が離散点で与えられているとする。まず，座標値が $(0, 0)$ となる点 O，座標値が $(1, 0)$ となる点 A，座標値が $(0, 1)$ となる点 B において，関数値 f_O, f_A, f_B が与えられているとする。領域 $\triangle OAB$ における関数値を一次式 $L_{OAB}(x, y)$ で表す。ここで $\phi_O(x, y)$, $\phi_A(x, y)$, $\phi_B(x, y)$ を

$$\phi_O(0, 0) \;=\; 1, \qquad \phi_O(1, 0) \;=\; 0, \qquad \phi_O(0, 1) \;=\; 0$$

$$\phi_A(0, 0) \;=\; 0, \qquad \phi_A(1, 0) \;=\; 1, \qquad \phi_A(0, 1) \;=\; 0$$

$$\phi_B(0, 0) \;=\; 0, \qquad \phi_B(1, 0) \;=\; 0, \qquad \phi_B(0, 1) \;=\; 1$$

を満たす一次関数と定めると，一次式 $L_{OAB}(x, y)$ は

$$L_{OAB}(x, y) \;=\; f_O\, \phi_O(x, y) + f_A\, \phi_A(x, y) + f_B\, \phi_B(x, y)$$

と表すことができる。関数 $\phi_O(x, y)$, $\phi_A(x, y)$, $\phi_B(x, y)$ を計算すると

$$\phi_O(x, y) \;=\; 1 - x - y, \qquad \phi_A(x, y) \;=\; x, \qquad \phi_B(x, y) \;=\; y$$

を得る。上式を幾何学的に解釈しよう。点 O, A, B を頂点とする三角形の面積は $\triangle OAB = 1/2$ である。座標が (x, y) で与えられる点を P で表す。このとき $\triangle OAP = y/2$, $\triangle OPB = x/2$, $\triangle PAB = (1 - x - y)/2$ が成り立つ。これより

$$\phi_O(x, y) \;=\; \frac{\triangle PAB}{\triangle OAB}, \quad \phi_A(x, y) \;=\; \frac{\triangle OPB}{\triangle OAB}, \quad \phi_B(x, y) \;=\; \frac{\triangle OAP}{\triangle OAB}$$

が成り立つことがわかる。けっきょく，区分線形補間は

$$L_{\mathrm{OAB}} \;=\; f_{\mathrm{O}}\,\frac{\triangle \mathrm{PAB}}{\triangle \mathrm{OAB}} + f_{\mathrm{A}}\,\frac{\triangle \mathrm{OPB}}{\triangle \mathrm{OAB}} + f_{\mathrm{B}}\,\frac{\triangle \mathrm{OAP}}{\triangle \mathrm{OAB}}$$

と表される。

位置ベクトルが $\bm{x}_i = [x_i, y_i]^\mathrm{T}$, $\bm{x}_j = [x_j, y_j]^\mathrm{T}$, $\bm{x}_k = [x_k, y_k]^\mathrm{T}$ となる点 $\mathrm{P}_i, \mathrm{P}_j, \mathrm{P}_k$ において関数値 f_i, f_j, f_k が与えられているとする。領域 $\triangle \mathrm{P}_i \mathrm{P}_j \mathrm{P}_k$ における関数値を一次式 $L_{i,j,k}(x,y)$ で表そう。そのために図 **6.1** に示す三角形の面積を用いる。三角形内部の任意の点 P の位置ベクトルを $\bm{x} = [x, y]^\mathrm{T}$ で表す。面積比

$$N_{i,j,k}(x,y) \;=\; \frac{\triangle \mathrm{PP}_j \mathrm{P}_k}{\triangle \mathrm{P}_i \mathrm{P}_j \mathrm{P}_k} \tag{6.4}$$

$$N_{j,k,i}(x,y) \;=\; \frac{\triangle \mathrm{P}_i \mathrm{PP}_k}{\triangle \mathrm{P}_i \mathrm{P}_j \mathrm{P}_k} \tag{6.5}$$

$$N_{k,i,j}(x,y) \;=\; \frac{\triangle \mathrm{P}_i \mathrm{P}_j \mathrm{P}}{\triangle \mathrm{P}_i \mathrm{P}_j \mathrm{P}_k} \tag{6.6}$$

を導入すると，上述の議論より区分線形補間は

$$L_{i,j,k}(x,y) \;=\; f_i N_{i,j,k}(x,y) + f_j N_{j,k,i}(x,y) + f_k N_{k,i,j}(x,y) \tag{6.7}$$

と表される。三角形 $\triangle \mathrm{P}_i \mathrm{P}_j \mathrm{P}_k$ の **符号付き面積**（signed area）は

$$\triangle \mathrm{P}_i \mathrm{P}_j \mathrm{P}_k \;=\; \frac{1}{2}\,\bigl|\; \bm{x}_j - \bm{x}_i \quad \bm{x}_k - \bm{x}_i \;\bigr| \;=\; \frac{1}{2}\,\begin{vmatrix} x_j - x_i & x_k - x_i \\ y_j - y_i & y_k - y_i \end{vmatrix}$$

と表される。同様に

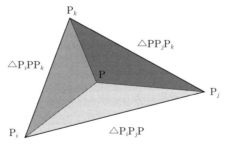

図 **6.1** 三角形 $\triangle \mathrm{P}_i \mathrm{P}_j \mathrm{P}_k$ 内の点 P。点 P における関数値を頂点における関数値 f_i, f_j, f_k によって近似的に表す。

$$\triangle \mathrm{P}_i \mathrm{PP}_k = \frac{1}{2} \left| \begin{array}{cc} \boldsymbol{x} - \boldsymbol{x}_i & \boldsymbol{x}_k - \boldsymbol{x}_i \end{array} \right| = \frac{1}{2} \left| \begin{array}{cc} x - x_i & x_k - x_i \\ y - y_i & y_k - y_i \end{array} \right|$$

$$\triangle \mathrm{P}_i \mathrm{P}_j \mathrm{P} = -\triangle \mathrm{P}_i \mathrm{PP}_j = (-1)^2 \triangle \mathrm{P}_j \mathrm{PP}_i$$

$$= \frac{1}{2} \left| \begin{array}{cc} \boldsymbol{x} - \boldsymbol{x}_j & \boldsymbol{x}_i - \boldsymbol{x}_j \end{array} \right| = \frac{1}{2} \left| \begin{array}{cc} x - x_j & x_i - x_j \\ y - y_j & y_i - y_j \end{array} \right|$$

$$\triangle \mathrm{PP}_j \mathrm{P}_k = -\triangle \mathrm{P}_j \mathrm{PP}_k = (-1)^2 \triangle \mathrm{P}_k \mathrm{PP}_j$$

$$= \frac{1}{2} \left| \begin{array}{cc} \boldsymbol{x} - \boldsymbol{x}_k & \boldsymbol{x}_j - \boldsymbol{x}_k \end{array} \right| = \frac{1}{2} \left| \begin{array}{cc} x - x_k & x_j - x_k \\ y - y_k & y_j - y_k \end{array} \right|$$

を得る。面積 $\triangle \mathrm{P}_i \mathrm{P}_j \mathrm{P}_k$ は定数，$\triangle \mathrm{PP}_j \mathrm{P}_k$, $\triangle \mathrm{P}_i \mathrm{PP}_k$, $\triangle \mathrm{P}_i \mathrm{P}_j \mathrm{P}$ は x, y に関する一次式であるので，面積比 $N_{i,j,k}(x,y)$, $N_{j,k,i}(x,y)$, $N_{k,i,j}(x,y)$ は x, y に関する一次式である。

以上の議論を，3変数関数 $f(x,y,z)$ の区分線形補間に拡張しよう。位置ベクトルが $\boldsymbol{x}_i = [\,x_i, y_i, z_i\,]^\mathrm{T}$, $\boldsymbol{x}_j = [\,x_j, y_j, z_j\,]^\mathrm{T}$, $\boldsymbol{x}_k = [\,x_k, y_k, z_k\,]^\mathrm{T}$, $\boldsymbol{x}_l = [\,x_l, y_l, z_l\,]^\mathrm{T}$ となる点 P_i, P_j, P_k, P_l において関数値 f_i, f_j, f_k, f_l が与えられているとする。四面体 $\Diamond \mathrm{P}_i \mathrm{P}_j \mathrm{P}_k \mathrm{P}_l$ における関数値を一次式 $L_{i,j,k,l}(x,y,z)$ で表す。四面体内部の任意の点 P の位置ベクトルを $\boldsymbol{x} = [\,x, y, z\,]^\mathrm{T}$ で表す。体積比

$$N_{i,j,k,l}(x,y,z) = \frac{\Diamond \mathrm{PP}_j \mathrm{P}_k \mathrm{P}_l}{\Diamond \mathrm{P}_i \mathrm{P}_j \mathrm{P}_k \mathrm{P}_l} \tag{6.8}$$

$$N_{j,k,l,i}(x,y,z) = \frac{\Diamond \mathrm{P}_i \mathrm{PP}_k \mathrm{P}_l}{\Diamond \mathrm{P}_i \mathrm{P}_j \mathrm{P}_k \mathrm{P}_l} \tag{6.9}$$

$$N_{k,l,i,j}(x,y,z) = \frac{\Diamond \mathrm{P}_i \mathrm{P}_j \mathrm{PP}_l}{\Diamond \mathrm{P}_i \mathrm{P}_j \mathrm{P}_k \mathrm{P}_l} \tag{6.10}$$

$$N_{l,i,j,k}(x,y,z) = \frac{\Diamond \mathrm{P}_i \mathrm{P}_j \mathrm{P}_k \mathrm{P}}{\Diamond \mathrm{P}_i \mathrm{P}_j \mathrm{P}_k \mathrm{P}_l} \tag{6.11}$$

を導入すると区分線形補間は

$$L_{i,j,k,l}(x,y,z) = f_i N_{i,j,k,l} + f_j N_{j,k,l,i} + f_k N_{k,l,i,j} + f_l N_{l,i,j,k} \tag{6.12}$$

と表すことができる。四面体 $\Diamond \mathrm{P}_i \mathrm{P}_j \mathrm{P}_k \mathrm{P}_l$ の**符号付き体積**（signed volume）は

$$\Diamond \mathrm{P}_i \mathrm{P}_j \mathrm{P}_k \mathrm{P}_l = \frac{1}{6} \left| \begin{array}{ccc} \boldsymbol{x}_j - \boldsymbol{x}_i & \boldsymbol{x}_k - \boldsymbol{x}_i & \boldsymbol{x}_l - \boldsymbol{x}_i \end{array} \right|$$

$$= \frac{1}{6} \left| \begin{array}{ccc} x_j - x_i & x_k - x_i & x_l - x_i \\ y_j - y_i & y_k - y_i & y_l - y_i \\ z_j - z_i & z_k - z_i & z_l - z_i \end{array} \right|$$

と表される。同様に

$$\Diamond \mathrm{P}_i \mathrm{P} \mathrm{P}_k \mathrm{P}_l = \frac{1}{6} \left| \begin{array}{ccc} \boldsymbol{x} - \boldsymbol{x}_i & \boldsymbol{x}_k - \boldsymbol{x}_i & \boldsymbol{x}_l - \boldsymbol{x}_i \end{array} \right|$$

$$\Diamond \mathrm{P}_i \mathrm{P}_j \mathrm{P} \mathrm{P}_l = -\Diamond \mathrm{P}_i \mathrm{P} \mathrm{P}_j \mathrm{P}_l = (-1)^2 \Diamond \mathrm{P}_j \mathrm{P} \mathrm{P}_i \mathrm{P}_l$$

$$= \frac{1}{6} \left| \begin{array}{ccc} \boldsymbol{x} - \boldsymbol{x}_j & \boldsymbol{x}_i - \boldsymbol{x}_j & \boldsymbol{x}_l - \boldsymbol{x}_j \end{array} \right|$$

$$\Diamond \mathrm{P}_i \mathrm{P}_j \mathrm{P}_k \mathrm{P} = -\Diamond \mathrm{P}_i \mathrm{P} \mathrm{P}_k \mathrm{P}_j = (-1)^2 \Diamond \mathrm{P}_k \mathrm{P} \mathrm{P}_i \mathrm{P}_j$$

$$= \frac{1}{6} \left| \begin{array}{ccc} \boldsymbol{x} - \boldsymbol{x}_k & \boldsymbol{x}_i - \boldsymbol{x}_k & \boldsymbol{x}_j - \boldsymbol{x}_k \end{array} \right|$$

$$\Diamond \mathrm{P} \mathrm{P}_j \mathrm{P}_k \mathrm{P}_l = -\Diamond \mathrm{P}_j \mathrm{P} \mathrm{P}_k \mathrm{P}_l (-1)^2 \Diamond \mathrm{P}_l \mathrm{P} \mathrm{P}_k \mathrm{P}_j$$

$$= \frac{1}{6} \left| \begin{array}{ccc} \boldsymbol{x} - \boldsymbol{x}_l & \boldsymbol{x}_k - \boldsymbol{x}_l & \boldsymbol{x}_j - \boldsymbol{x}_l \end{array} \right|$$

を得る。体積 $\Diamond \mathrm{P}_i \mathrm{P}_j \mathrm{P}_k \mathrm{P}_l$ は定数，体積 $\Diamond \mathrm{P} \mathrm{P}_j \mathrm{P}_k \mathrm{P}_l$, $\Diamond \mathrm{P}_i \mathrm{P} \mathrm{P}_k \mathrm{P}_l$, $\Diamond \mathrm{P}_i \mathrm{P}_j \mathrm{P} \mathrm{P}_l$, $\Diamond \mathrm{P}_i \mathrm{P}_j \mathrm{P}_k \mathrm{P}$ は x, y, z に関する一次式であるので，体積比 $N_{i,j,k,l}(x, y, z)$, $N_{j,k,l,i}(x, y, z)$, $N_{k,l,i,j}(x, y, z)$, $N_{l,i,j,k}(x, y, z)$ は x, y, z に関する一次式である。

数直線における区間 $\mathrm{P}_i \mathrm{P}_j$，二次元平面における三角形 $\triangle \mathrm{P}_i \mathrm{P}_j \mathrm{P}_k$，三次元空間における四面体 $\Diamond \mathrm{P}_i \mathrm{P}_j \mathrm{P}_k \mathrm{P}_l$ を**単体**（simplex）と呼ぶ。区分線形補間は，領域を単体の集合で表し，単体の頂点における関数値から単体内の関数の値を補間する手法である。

$\left(6.2 \right)$ スプライン補間

区分線形補間により得られる関数は連続であるが滑らかでない。したがって関数値のみならず導関数の値を必要とする場合，区分線形補間を用いることは

難しい。滑らかな補間を求めよう。変数 x の関数 $f(x)$ の値と導関数 $f'(x)$ の値が離散点で与えられているとする。例えば，変数 $x = 0, 1, 2, 3, 4, 5$ において関数 $f(x)$ の値 $f_0, f_1, f_2, f_3, f_4, f_5$ と導関数 $f'(x)$ の値 $d_0, d_1, d_2, d_3, d_4, d_5$ が与えられているとする。**スプライン補間**（spline interpolation）では，各区間 $[0, 1], [1, 2], [2, 3], [3, 4], [4, 5]$ において関数値を三次式で表す。すなわち関数 $f(x)$ を

$$
f(x) = \begin{cases}
Q_0(x) & (x \in [0, 1]) \\
Q_1(x) & (x \in [1, 2]) \\
Q_2(x) & (x \in [2, 3]) \\
Q_3(x) & (x \in [3, 4]) \\
Q_4(x) & (x \in [4, 5])
\end{cases}
$$

により定める。ここで $Q_0(x), Q_1(x), Q_2(x), Q_3(x), Q_4(x)$ は三次式である。三次式の両端の微係数が指定された微係数の値に一致するように三次式を選ぶと，$f(x)$ は連続で滑らかな関数となる。

三次式 $Q_0(x)$ を求めよう。変数 x の値が 0 のとき関数値は f_0，変数 x の値が 1 のとき関数値は f_1，変数 x の値が 0 のとき微係数は d_0，変数 x の値が 1 のとき微係数は d_1 である。したがって，三次式 $Q_0(x)$ は

$$
Q_0(x) = f_0 \times \quad + \quad f_1 \times
$$

$$
+ \, d_0 \times \quad + \quad d_1 \times
$$

$$
= f_0 \, \phi_0(x) + f_1 \, \phi_1(x) + d_0 \, \psi_0(x) + d_1 \, \psi_1(x)
$$

と表すことができる。ここで $\phi_0(x), \phi_1(x), \psi_0(x), \psi_1(x)$ は

$$
\phi_0(0) = 1, \qquad \phi_0(1) = 0, \qquad \phi_0'(0) = 0, \qquad \phi_0'(1) = 0
$$

$$
\phi_1(0) = 0, \qquad \phi_1(1) = 1, \qquad \phi_1'(0) = 0, \qquad \phi_1'(1) = 0
$$

72   6. 補　　　　　間

$$\psi_0(0) \;=\; 0, \qquad \psi_0(1) \;=\; 0, \qquad \psi_0'(0) \;=\; 1, \qquad \psi_0'(1) \;=\; 0$$
$$\psi_1(0) \;=\; 0, \qquad \psi_1(1) \;=\; 0, \qquad \psi_1'(0) \;=\; 0, \qquad \psi_1'(1) \;=\; 1$$

を満たす三次関数である。これらの三次関数を求めると

$$\phi_0(x) \;=\; 2x^3 - 3x^2 + 1, \qquad \phi_1(x) \;=\; -2x^3 + 3x^2$$
$$\psi_0(x) \;=\; x^3 - 2x^2 + x, \qquad \psi_1(x) \;=\; x^3 - x^2$$

が得られる。導関数は

$$\phi_0'(x) \;=\; 6x^2 - 6x, \qquad \phi_1'(x) \;=\; -6x^2 + 6x$$
$$\psi_0'(x) \;=\; 3x^2 - 4x + 1, \qquad \psi_1'(x) \;=\; 3x^2 - 2x$$

であるので，上記の条件を満たしていることがわかる。三次式の 2 階微分は

$$\phi_0''(x) \;=\; 12x - 6, \qquad \phi_1''(x) \;=\; -12x + 6$$
$$\psi_0''(x) \;=\; 6x - 4, \qquad \psi_1''(x) \;=\; 6x - 2$$

である。また区分線形補間における議論と同様に

$$Q_0(x) \;=\; f_0\,\phi_0(x-0) + f_1\,\phi_1(x-0) + d_0\,\psi_0(x-0) + d_1\,\psi_1(x-0)$$
$$Q_1(x) \;=\; f_1\,\phi_0(x-1) + f_2\,\phi_1(x-1) + d_1\,\psi_0(x-1) + d_2\,\psi_1(x-1)$$
$$Q_2(x) \;=\; f_2\,\phi_0(x-2) + f_3\,\phi_1(x-2) + d_2\,\psi_0(x-2) + d_3\,\psi_1(x-2)$$
$$Q_3(x) \;=\; f_3\,\phi_0(x-3) + f_4\,\phi_1(x-3) + d_3\,\psi_0(x-3) + d_4\,\psi_1(x-3)$$
$$Q_4(x) \;=\; f_4\,\phi_0(x-4) + f_5\,\phi_1(x-4) + d_4\,\psi_0(x-4) + d_5\,\psi_1(x-4)$$

となる。

　スプライン補間を求めるためには，離散点における関数値と微係数が必要である。しかしながら，離散点における微係数が得られない場合には，関数値のみからスプライン関数を決定する必要がある。関数値を与えて微係数の値を求めるために，(1) 2 階微分が連続，(2) 両端点で 2 階微分の値が 0，という条件を課す。これらの条件により得られるスプライン補間を，**自然スプライン補間**（natural spline interpolation）と呼ぶ。例えば，$x = 0, 1, 2, 3, 4, 5$ で関数値

が与えられている場合，自然スプライン補間であるための条件は

$$Q_0''(0) = 0 \qquad (x = 0 \text{ で } 2 \text{ 階微分の値が } 0)$$

$$Q_1''(1) = Q_0''(1) \quad (x = 1 \text{ で } 2 \text{ 階微分が連続})$$

$$Q_2''(2) = Q_1''(2) \quad (x = 2 \text{ で } 2 \text{ 階微分が連続})$$

$$Q_3''(3) = Q_2''(3) \quad (x = 3 \text{ で } 2 \text{ 階微分が連続})$$

$$Q_4''(4) = Q_3''(4) \quad (x = 4 \text{ で } 2 \text{ 階微分が連続})$$

$$0 = Q_4''(5) \quad (x = 5 \text{ で } 2 \text{ 階微分の値が } 0)$$

と表される。離散点における 2 階微分を計算し上式に代入すると

$$-6f_0 + 6f_1 - 4d_0 - 2d_1 = 0$$

$$-6f_1 + 6f_2 - 4d_1 - 2d_2 = 6f_0 - 6f_1 + 2d_0 + 4d_1$$

$$-6f_2 + 6f_3 - 4d_2 - 2d_3 = 6f_1 - 6f_2 + 2d_1 + 4d_2$$

$$-6f_3 + 6f_4 - 4d_3 - 2d_4 = 6f_2 - 6f_3 + 2d_2 + 4d_3$$

$$-6f_4 + 6f_5 - 4d_4 - 2d_5 = 6f_3 - 6f_4 + 2d_3 + 4d_4$$

$$0 = 6f_4 - 6f_5 + 2d_4 + 4d_5$$

これより，既知の関数値 f_0, f_1, f_2, f_3, f_4, f_5 から未知の微係数 d_0, d_1, d_2, d_3, d_4, d_5 を求める方程式

$$2d_0 + d_1 \qquad\qquad\qquad = 3(f_1 - f_0)$$

$$d_0 + 4d_1 + d_2 \qquad\qquad = 3(f_2 - f_0)$$

$$d_1 + 4d_2 + d_3 \qquad\quad = 3(f_3 - f_1)$$

$$d_2 + 4d_3 + d_4 \qquad = 3(f_4 - f_2)$$

$$d_3 + 4d_4 + d_5 = 3(f_5 - f_3)$$

$$d_4 + 2d_5 = 3(f_5 - f_4)$$

を得る。行列形式で表すと

$$
\begin{bmatrix}
2 & 1 & & & & \\
1 & 4 & 1 & & & \\
& 1 & 4 & 1 & & \\
& & 1 & 4 & 1 & \\
& & & 1 & 4 & 1 \\
& & & & 1 & 2
\end{bmatrix}
\begin{bmatrix}
d_0 \\ d_1 \\ d_2 \\ d_3 \\ d_4 \\ d_5
\end{bmatrix}
=
\begin{bmatrix}
3(f_1 - f_0) \\
3(f_2 - f_0) \\
3(f_3 - f_1) \\
3(f_4 - f_2) \\
3(f_5 - f_3) \\
3(f_5 - f_4)
\end{bmatrix}
\tag{6.13}
$$

である。上式の係数行列は，正定対称行列であるので，この連立一次方程式は解くことができる。上式を解き，微係数 d_0, d_1, d_2, d_3, d_4, d_5 を求めると，三次関数 $Q_0(x)$, $Q_1(x)$, $Q_2(x)$, $Q_3(x)$, $Q_4(x)$ を決定することができる。また，この係数行列のように，対角部分の近辺に 0 でない要素が並び，それ以外の部分の要素が 0 となる行列は，**帯行列**（band matrix）と呼ばれる。

章 末 問 題

【1】 式 (6.7) で与えられる区分線形補間 $L_{i,j,k}(x,y)$ の x,y に関する偏微分を求めよ。式 (6.12) で与えられる区分線形補間 $L_{i,j,k,l}(x,y,z)$ の x,y,z に関する偏微分を求めよ。

【2】 $x = 0, 1, 2, 3, 4, 5$ における関数 $f(x)$ の値を $3, 2, 4, 5, 4, 2$ とする。自然スプライン補間を求めて，$f(x)$, $f'(x)$, $f''(x)$ のグラフを描け。

【3】 区間 $[x_i, x_j]$ で定義され，$f(x_i) = f_i$, $\quad f(x_j) = f_j$, $\quad f'(x_i) = d_i$, $\quad f'(x_j) = d_j$ を満たすスプライン補間 $f(x)$ を求めよ。

【4】 (1) 1 変数の区分線形補間で用いた関数 $\phi_0(x)$, $\phi_1(x)$ に対して次式を示せ。

$$
\int_0^1 \phi_0(x)\,\phi_0(x)\,\mathrm{d}x \;=\; \int_0^1 \phi_1(x)\,\phi_1(x)\,\mathrm{d}x \;=\; \frac{1}{3}
$$

$$
\int_0^1 \phi_0(x)\,\phi_1(x)\,\mathrm{d}x \;=\; \int_0^1 \phi_1(x)\,\phi_0(x)\,\mathrm{d}x \;=\; \frac{1}{6}
$$

(2) 区分線形補間 $L_0(x) = f_0\,\phi_0(x) + f_1\,\phi_1(x)$ に対して次式を示せ。

$$
\int_0^1 \{L_0(x)\}^2\,\mathrm{d}x \;=\;
\begin{bmatrix} f_0 & f_1 \end{bmatrix}
\frac{1}{6}
\begin{bmatrix} 2 & 1 \\ 1 & 2 \end{bmatrix}
\begin{bmatrix} f_0 \\ f_1 \end{bmatrix}
$$

章　末　問　題　75

(3) 区分線形補間で用いた関数 $\phi_0(x)$, $\phi_1(x)$ に対して次式を示せ。

$$\int_0^1 \phi_0'(x)\,\phi_0'(x)\,\mathrm{d}x = \int_0^1 \phi_1'(x)\,\phi_1'(x)\,\mathrm{d}x = 1$$

$$\int_0^1 \phi_0'(x)\,\phi_1'(x)\,\mathrm{d}x = \int_0^1 \phi_1'(x)\,\phi_0'(x)\,\mathrm{d}x = -1$$

(4) 区分線形補間 $L_0(x)$ の導関数 $L_0'(x)$ に対して次式を示せ。

$$\int_0^1 \left\{ L_0'(x) \right\}^2 \mathrm{d}x = \begin{bmatrix} f_0 & f_1 \end{bmatrix} \begin{bmatrix} 1 & -1 \\ -1 & 1 \end{bmatrix} \begin{bmatrix} f_0 \\ f_1 \end{bmatrix}$$

【5】 (1) 1変数の区分線形補間で用いた関数 $N_{i,j}(x)$, $N_{j,i}(x)$ に対して次式を示せ。

$$\int_{x_i}^{x_j} N_{i,j}(x)\,N_{i,j}(x)\,\mathrm{d}x = \int_{x_i}^{x_j} N_{j,i}(x)\,N_{j,i}(x)\,\mathrm{d}x = \frac{1}{3}(x_j - x_i)$$

$$\int_{x_i}^{x_j} N_{i,j}(x)\,N_{j,i}(x)\,\mathrm{d}x = \int_{x_i}^{x_j} N_{j,i}(x)\,N_{i,j}(x)\,\mathrm{d}x = \frac{1}{6}(x_j - x_i)$$

さらに区分線形補間 $L_{i,j}(x) = f_i\,N_{i,j}(x) + f_j\,N_{j,i}(x)$ に対して次式を示せ。

$$\int_{x_i}^{x_j} \left\{ L_{i,j}(x) \right\}^2 \mathrm{d}x = \begin{bmatrix} f_i & f_j \end{bmatrix} \frac{x_j - x_i}{6} \begin{bmatrix} 2 & 1 \\ 1 & 2 \end{bmatrix} \begin{bmatrix} f_i \\ f_j \end{bmatrix}$$

(2) 関数 $N_{i,j}(x)$, $N_{j,i}(x)$ に対して次式を示せ。

$$\int_{x_i}^{x_j} N_{i,j}'(x)\,N_{i,j}'(x)\,\mathrm{d}x = \int_{x_i}^{x_j} N_{j,i}'(x)\,N_{j,i}'(x)\,\mathrm{d}x = \frac{1}{x_j - x_i}$$

$$\int_{x_i}^{x_j} N_{i,j}'(x)\,N_{j,i}'(x)\,\mathrm{d}x = \int_{x_i}^{x_j} N_{j,i}'(x)\,N_{i,j}'(x)\,\mathrm{d}x = \frac{-1}{x_j - x_i}$$

さらに，区分線形補間 $L_{i,j}(x)$ の導関数 $L_{i,j}'(x)$ に対して次式を示せ。

$$\int_{x_i}^{x_j} \left\{ L_{i,j}'(x) \right\}^2 \mathrm{d}x = \begin{bmatrix} f_i & f_j \end{bmatrix} \frac{1}{x_j - x_i} \begin{bmatrix} 1 & -1 \\ -1 & 1 \end{bmatrix} \begin{bmatrix} f_i \\ f_j \end{bmatrix}$$

【6】 (1) 2変数の区分線形補間で用いた関数 $\phi_\mathrm{O}(x,y)$, $\phi_\mathrm{A}(x,y)$, $\phi_\mathrm{B}(x,y)$ に対して次式を示せ。

$$\int_{\triangle\mathrm{OAB}} \phi_\mathrm{O}^2\,\mathrm{d}S = \int_{\triangle\mathrm{OAB}} \phi_\mathrm{A}^2\,\mathrm{d}S = \int_{\triangle\mathrm{OAB}} \phi_\mathrm{B}^2\,\mathrm{d}S = \frac{1}{12}$$

$$\int_{\triangle\mathrm{OAB}} \phi_\mathrm{O}\phi_\mathrm{A}\,\mathrm{d}S = \int_{\triangle\mathrm{OAB}} \phi_\mathrm{A}\phi_\mathrm{B}\,\mathrm{d}S = \int_{\triangle\mathrm{OAB}} \phi_\mathrm{B}\phi_\mathrm{O}\,\mathrm{d}S = \frac{1}{24}$$

(2) 2変数の区分線形補間で用いた関数 $N_{i,j,k}(x,y)$, $N_{j,k,i}(x,y)$, $N_{k,i,j}(x,y)$ に対して次式を示せ。$\triangle = \triangle\mathrm{P}_i\mathrm{P}_j\mathrm{P}_k$ である。

$$\int_{\triangle} N_{i,j,k}^2\,\mathrm{d}S = \int_{\triangle} N_{j,k,i}^2\,\mathrm{d}S = \int_{\triangle} N_{k,i,j}^2\,\mathrm{d}S = \frac{\triangle}{6}$$

$$\int_{\triangle} N_{i,j,k}\, N_{j,k,i}\, \mathrm{d}S = \int_{\triangle} N_{j,k,i}\, N_{k,i,j}\, \mathrm{d}S$$

$$= \int_{\triangle} N_{k,i,j}\, N_{i,j,k}\, \mathrm{d}S = \frac{\triangle}{12}$$

【7】 周期的な観測値をスプライン補間で補間する。時刻 $0, 1, \cdots, n-1$ における観測値 $f_0, f_1, \cdots, f_{n-1}$ が得られたとする。ここで, $f_{n+k} = f_k$ が成り立つと仮定する。すべての観測時刻において, 2 階微分が連続であると仮定し, 導関数の値 $d_0, d_1, \cdots, d_{n-1}$ を計算する式を示せ。

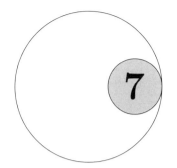

7 変分原理

多くの物理現象は，関数を最小あるいは最大にするという形式で定式化できることが知られている．例えば，ある点から別の点に至る光の経路は，二点間を結ぶ経路の中で通過時間が最小の経路である（フェルマーの定理）．機械システムの挙動を支配する力学においても同様の原理として，静力学の変分原理と動力学の変分原理が知られている．これら変分原理を用いると，機械システムにおけるさまざまな課題を統一的に定式化すること，さらに数値計算法と直接的に結びつけることができる．本章では，静力学の変分原理と最適化手法，動力学の変分原理と常微分方程式の数値解法との関連を紹介する．

7.1 静力学の変分原理と最適化

静力学の変分原理（variational principle in statics）は，系が安定状態にあるとき，またそのときに限り，幾何学的に可能な任意の仮想変位に対して内部エネルギーの変分が 0 であると主張する．この原理は，系が安定状態にあるとき，系の内部エネルギーは最小であることを意味している．

図 3.1 に示す単振り子を例として，静力学の変分原理を説明しよう．単振り子は，支点 C で支えられており，質量は振り子の先端に集中している．振り子の長さを l，質量を m で表す．支点 C まわりの外トルク τ が単振り子に作用しているとする．振り子の角度を θ（$-\pi \leqq \theta \leqq \pi$）で表す．図に示すように座標系 O–$xy$ を選ぶ．系の重力ポテンシャルエネルギーを U，外トルクがなす仕事を W で表す．エネルギー U と仕事 W は

78   7. 変 分 原 理

$$U = mgy = mgl(1 - \cos\theta)$$

$$W = \tau\theta$$

と表される。静力学の変分原理によると，振り子が安定状態にあるとき，**内部エネルギー**（internal energy）$I = U - W$ は最小でなくてはならない。したがって，次式の最小化問題を得る。

$$\min \; I(\theta) = mgl(1 - \cos\theta) - \tau\theta \tag{7.1}$$

関数 $I(\theta)$ の最小値を求めるためには，方程式

$$\frac{\mathrm{d}I}{\mathrm{d}\theta} = mgl\sin\theta - \tau = 0 \tag{7.2}$$

を解けばよい。これより

$$\tau - mgl\sin\theta = 0 \tag{7.3}$$

を得る。この等式は，外トルク τ と重力により支点 C まわりに作用するモーメントが釣り合っていることを表す。

内部エネルギーの変分を計算すると

$$\delta I = \delta U - \delta W$$

$$= mgl\sin\theta\,\delta\theta - \tau\,\delta\theta$$

$$= (mgl\sin\theta - \tau)\,\delta\theta$$

を得る。静力学の変分原理によると，系が安定状態にあるとき，任意の仮想変位 $\delta\theta$ に対して内部エネルギーの変分 δI が 0 でなくてはならない。これからも式 (7.3) が得られる。

以上の計算では，式 (7.1) で与えられる関数 $I(\theta)$ の最小値を**解析的**に求めるために，偏微分 $\mathrm{d}I/\mathrm{d}\theta$ を計算した。一方，区間内で 1 変数関数の最小値を求める fminbnd，あるいは乗数法（8.2 節）や fmincon を用いることにより，区間 $[-\pi, \pi]$ で与えられる関数 $I(\theta)$ の最小値を**数値的**に求めることができる。

7.2 制約を有する系における静力学

単振り子の運動を直交座標系 O–xy で定式化しよう。質点 m の位置ベクトルを $\boldsymbol{x} = [\,x,\,y\,]^{\mathrm{T}}$ とする。外力 $\boldsymbol{f} = [\,f_x,\,f_y\,]^{\mathrm{T}}$ が単振り子の質点に作用している。重力ポテンシャルエネルギー U ならびに外力がなす仕事 W は

$$U \;=\; mgy$$

$$W \;=\; \boldsymbol{f}^{\mathrm{T}}\boldsymbol{x} \;=\; f_x x + f_y y$$

と表される。位置ベクトルの成分 x, y は独立ではなく，制約

$$R(x,y) \;=\; \left\{ x^2 + (y-l)^2 \right\}^{\frac{1}{2}} - l \;=\; 0 \tag{7.4}$$

を満たさなくてはならない。この制約のもとで，安定状態において内部エネルギー $I = U - W$ は最小となる。したがって，制約付き最小化問題

$$\left. \begin{array}{l} \min \quad I(x,y) \;=\; mgy - f_x x - f_y y \\[4pt] \text{subject to} \quad R(x,y) \;=\; 0 \end{array} \right\} \tag{7.5}$$

が得られる。ラグランジュの未定乗数 λ を導入し，式 (7.5) の制約付き最小化問題を制約なしの最小化問題に変換する。

$$\min \quad J(x,y,\lambda) = I(x,y) - \lambda R(x,y) \tag{7.6}$$

関数 $J(x,y,\lambda)$ の最小値を計算するためには

$$\left. \begin{array}{l} \dfrac{\partial J}{\partial x} \;=\; -f_x - \lambda x P(x,y) \;=\; 0 \\[8pt] \dfrac{\partial J}{\partial y} \;=\; mg - f_y - \lambda(y-l)P(x,y) \;=\; 0 \\[8pt] \dfrac{\partial J}{\partial \lambda} \;=\; \left\{ x^2 + (y-l)^2 \right\}^{\frac{1}{2}} - l \;=\; 0 \end{array} \right\} \tag{7.7}$$

を解けばよい。ここで，$P(x,y) = \left\{ x^2 + (y-l)^2 \right\}^{-(1/2)}$ である。式 (7.7) より

$$f_x(l-y) + f_y x - mgx \;=\; 0 \tag{7.8}$$

80   7. 変 分 原 理

を得る。この方程式は，外力 f による支点 C まわりのモーメントと，重力による C まわりのモーメントが釣り合っていることを意味する。したがって，式 (7.8) は式 (7.3) と等価である。

関数 $J(x, y, \lambda)$ を書き換えると

$$J = U - \{\tau\theta + \lambda R(x, y)\}$$

を得る。量 R は長さの次元を持つので，ラグランジュの未定乗数 λ は力の次元を持つ。上式より λ は，質点 m を円 $R(x, y) = 0$ 上に制約するための力を表していると考えられる。このような力を**制約力**（constraint force）と呼ぶ。制約力は制約の法線方向に作用する。制約 R の値は円の外側で正，内側で負である。したがって，図 3.1 に示すように，λ は制約 $R(x, y) = 0$ に対応する外向き制約力の大きさを表す。

内部エネルギーの変分を座標系 O–xy で計算すると

$$\delta I = \delta U - \delta W = mg\,\delta y - f_x\,\delta x - f_y\,\delta y$$

幾何制約 $R(x, y) = 0$ の変分より，幾何学的に可能な仮想変位に関する条件を得る。幾何制約の変分を計算すると

$$\delta R(x, y) = \frac{\partial R}{\partial x}\delta x + \frac{\partial R}{\partial y}\delta y = xP(x, y)\,\delta x + (y - l)P(x, y)\,\delta y$$

静力学の変分原理によると，系が安定状態にあるとき，$\delta R(x, y) = 0$ を満たす任意の変分 δx ならびに δy に対して変分 δI の値は 0 である。仮想変位 δy を消去すると

$$\delta I = \left\{-f_x - \frac{x}{y - l}(mg - f_y)\right\}\delta x$$

任意の δx に対して変分 δI の値は 0 でなくてはならない。これにより式 (7.8) が得られる。また，制約 $\delta R(x, y) = 0$ を有する変分問題 $\delta I = 0$ は，任意の変分 δx ならびに δy に対して変分 $\delta I - \lambda \delta R$ が 0 になるという変分問題に変換できる。変分を計算すると

$$\delta I - \lambda\delta R = \left\{-f_x - \lambda xP(x, y)\right\}\delta x + \left\{mg - f_y - \lambda(y - l)P(x, y)\right\}\delta y$$

である。単振り子が安定状態にあるときには，任意の仮想変位 δx ならびに δy

に対して変分 $\delta I - \lambda \delta R$ の値は 0 でなくてはならない。これにより式 (7.7) を得る。

以上の計算では，制約付き最小化問題 (7.5) の解を**解析的**に求めるために，ラグランジュの未定乗数を導入し，偏微分 $\partial J/\partial x$, $\partial J/\partial y$, $\partial J/\partial \lambda$ を計算した。一方，乗数法や fmincon を用いることにより，制約 $R(x, y) = 0$ の下での関数 $I(x, y)$ の最小値を**数値的**に求めることができる。また，ラグランジュの未定乗数法は解析的な計算のための手法であり，数値計算には適さないことが知られている（2 章 章末問題【 5 】）。

7.3 動力学の変分原理と常微分方程式

動力学の変分原理（variational principle in dynamics）は，任意の仮想変位に対して作用積分が 0 になるとき，またそのときに限り，ホロノミックな系の運動が自然であると主張する。ここで系の運動として，二つの時刻で定められた配位を結び，幾何学的に可能な運動を対象とする。この原理は，ラグランジュの運動方程式と等価である。

図 3.1 に示す単振り子を例として，動力学の変分原理を説明しよう。時刻 t において単振り子には，支点 C まわりにトルク τ が加えられると仮定する。時刻 t における振り子の角度を $\theta(t)$ で表す。系の運動エネルギーを T，重力ポテンシャルエネルギーを U，トルクによりなされる仕事を W で表す。単振り子の支点 C まわりの慣性モーメントは ml^2 である。エネルギー T と U，仕事 W は

$$T = \frac{1}{2}(ml^2)\dot{\theta}^2, \qquad U = mgl(1 - \cos\theta)$$

$$W = \tau\theta$$

と表される。系の**ラグランジアン**（Lagrangean）は $\mathcal{L} = T - U + W$ と表される。したがって，単振り子のラグランジアンは

$$\mathcal{L}(\theta, \dot{\theta}) = \frac{1}{2}(ml^2)\dot{\theta}^2 - mgl(1 - \cos\theta) + \tau\theta \tag{7.9}$$

となる。ここで

82   7. 変 分 原 理

$$\frac{\partial \mathcal{L}}{\partial \theta} = -mgl\sin\theta + \tau, \qquad \frac{\partial \mathcal{L}}{\partial \dot{\theta}} = (ml^2)\dot{\theta}$$

に注意すると，単振り子の**ラグランジュの運動方程式**（Lagrange equation of motion）

$$\frac{\partial \mathcal{L}}{\partial \theta} - \frac{\mathrm{d}}{\mathrm{d}t}\frac{\partial \mathcal{L}}{\partial \dot{\theta}} = -mgl\sin\theta + \tau - (ml^2)\ddot{\theta} = 0 \tag{7.10}$$

が得られる。この方程式より

$$(ml^2)\ddot{\theta} = \tau - mgl\sin\theta \tag{7.11}$$

を得る。支点 C まわりに作用するトルクの総和は，$\tau - mgl\sin\theta$ に一致する。けっきょく，式 (7.11) は単振り子の回転に関する運動方程式と等価である。

動力学の変分原理によると，任意の幾何学的に可能な変位に対して，作用積分の変分が 0 になる。作用積分の変分

$$\text{V.I.} = \int_{t_1}^{t_2} \delta\mathcal{L}\,\mathrm{d}t \tag{7.12}$$

を計算しよう。ラグランジアンの変分を計算すると

$$\begin{aligned}
\delta\mathcal{L} &= \frac{1}{2}ml^2\,\delta(\dot{\theta}^2) - mgl\,\delta(l - \cos\theta) + \tau\,\delta\theta \\
&= ml^2\dot{\theta}\,\delta(\dot{\theta}) - mgl\sin\theta\,\delta\theta + \tau\,\delta\theta \\
&= ml^2\dot{\theta}\,\frac{\mathrm{d}}{\mathrm{d}t}\delta\theta + (-mgl\sin\theta + \tau)\,\delta\theta
\end{aligned}$$

である。時刻 $t = t_1$ ならびに $t = t_2$ では，変分 $\delta\theta$ の値が 0 でなくてはならないので

$$\begin{aligned}
\int_{t_1}^{t_2} ml^2\dot{\theta}\,\frac{\mathrm{d}}{\mathrm{d}t}\delta\theta\,\mathrm{d}t &= \left[\, ml^2\dot{\theta}\,\delta\theta\,\right]_{t=t_0}^{t=t_1} - \int_{t_1}^{t_2} ml^2\ddot{\theta}\,\delta\theta\,\mathrm{d}t \\
&= -\int_{t_1}^{t_2} ml^2\ddot{\theta}\,\delta\theta\,\mathrm{d}t
\end{aligned}$$

である。したがって

$$\text{V.I.} = \int_{t_1}^{t_2} \left\{ -ml^2\ddot{\theta} - mgl\sin\theta + \tau \right\}\delta\theta\,\mathrm{d}t \tag{7.13}$$

が得られる。式 (7.13) で表される作用積分の変分は，任意の $\delta\theta$ に対して 0 でなくてはならない。これより式 (7.11) を得る。

以上のように動力学の変分原理を用いると，系の運動方程式を導くことができ

る。得られた運動方程式は 3.2 節で紹介した常微分方程式の数値解法を用いて**数値的に解く**ことができる。また，9 章で示すように，動力学の変分原理は連続体の力学に適用することができる。

7.4 制約を有する系における動力学

単振り子の運動を直交座標系 O–xy で定式化しよう。質点 m の位置ベクトルを $\boldsymbol{x} = [x, y]^{\mathrm{T}}$ とする。外力 $\boldsymbol{f} = [f_x, f_y]^{\mathrm{T}}$ が単振り子の質点に作用している。エネルギー T ならびに U，仕事 W は

$$T = \frac{1}{2}m(\dot{x}^2 + \dot{y}^2), \qquad U = mgy$$

$$W = f_x x + f_y y$$

と表される。位置ベクトルの成分 x, y は，ホロノミック制約

$$R(x, y) \overset{\triangle}{=} \left\{x^2 + (y - l)^2\right\}^{\frac{1}{2}} - l = 0$$

を満たさなくてはならない。ホロノミック制約を有する系のラグランジアンは $\mathcal{L} = T - U + W + \lambda R$ と表される。ここで λ はラグランジュの未定乗数である。したがって，単振り子のラグランジアンは

$$\mathcal{L}(x, y, \dot{x}, \dot{y}) = \frac{1}{2}m(\dot{x}^2 + \dot{y}^2) - mgy + (f_x x + f_y y) + \lambda R(x, y) \tag{7.14}$$

となる。ここで

$$\frac{\partial \mathcal{L}}{\partial x} = f_x + \lambda x P(x, y), \qquad \frac{\partial \mathcal{L}}{\partial y} = -mg + f_y + \lambda(y - l)P(x, y)$$

$$\frac{\partial \mathcal{L}}{\partial \dot{x}} = m\dot{x}, \qquad \frac{\partial \mathcal{L}}{\partial \dot{y}} = m\dot{y}$$

に注意すると，単振り子のラグランジュの運動方程式

$$\frac{\partial \mathcal{L}}{\partial x} - \frac{\mathrm{d}}{\mathrm{d}t}\frac{\partial \mathcal{L}}{\partial \dot{x}} = f_x + \lambda x P(x, y) - m\ddot{x} = 0 \tag{7.15}$$

$$\frac{\partial \mathcal{L}}{\partial y} - \frac{\mathrm{d}}{\mathrm{d}t}\frac{\partial \mathcal{L}}{\partial \dot{y}} = -mg + f_y + \lambda(y - l)P(x, y) - m\ddot{y} = 0 \tag{7.16}$$

84　7. 変 分 原 理

が得られる。ラグランジュの未定乗数 λ を消去すると

$$m\{(l-y)\ddot{x}+x\ddot{y}\} = f_x(l-y)+f_y x-mgx \tag{7.17}$$

である。ここで，右辺の $f_x(l-y)+f_y x-mgx$ は，支点 C まわりに作用する
トルクの総和に一致する。また，$x=l\sin\theta$ ならびに $y=l(1-\cos\theta)$ から

$$\ddot{x} = l\{\ddot{\theta}\cos\theta-\dot{\theta}^2\sin\theta\}, \qquad \ddot{y} = l\{\ddot{\theta}\sin\theta+\dot{\theta}^2\cos\theta\}$$

を得る。これより $m\{(l-y)\ddot{x}+x\ddot{y}\}=ml^2\ddot{\theta}$ が得られる。したがって式 (7.17)
が式 (7.11) と等価であることがわかる。

作用積分の変分を計算しよう。ラグランジアンの変分を計算すると

$$\delta\mathcal{L} = m\dot{x}\frac{\mathrm{d}}{\mathrm{d}t}\delta x+m\dot{y}\frac{\mathrm{d}}{\mathrm{d}t}\delta y-mg\delta y+(f_x\delta x+f_y\delta y)+\lambda\left\{\frac{\partial R}{\partial x}\delta x+\frac{\partial R}{\partial y}\delta y\right\}$$

が得られる。時刻 $t=t_1$ ならびに $t=t_2$ では，変分 δx と δy が 0 でなくては
ならないので

$$\int_{t_1}^{t_2} m\dot{x}\frac{\mathrm{d}}{\mathrm{d}t}\delta x\,\mathrm{d}t = -\int_{t_1}^{t_2} m\ddot{x}\,\delta x\,\mathrm{d}t$$

$$\int_{t_1}^{t_2} m\dot{y}\frac{\mathrm{d}}{\mathrm{d}t}\delta y\,\mathrm{d}t = -\int_{t_1}^{t_2} m\ddot{y}\,\delta y\,\mathrm{d}t$$

が成り立つ。したがって

$$\begin{aligned}
\text{V.I.} &= \int_{t_1}^{t_2}\left\{-m\ddot{x}+f_x+\lambda\frac{\partial R}{\partial x}\right\}\delta x\,\mathrm{d}t \\
&\quad + \int_{t_1}^{t_2}\left\{-m\ddot{y}-mg+f_y+\lambda\frac{\partial R}{\partial y}\right\}\delta y\,\mathrm{d}t
\end{aligned} \tag{7.18}$$

┌─ コーヒーブレイク ─┐

変分原理は，多くのリンクから構成される系や連続な系の定式化に威力を発揮
する。例えばロボットハンドが物体を把持している系の定式化では，ロボットハ
ンドを構成する個々のリンクのエネルギー，物体のエネルギー，ハンドと物体と
の幾何制約を定式化できれば，変分原理により系を支配する運動方程式を導くこ
とができる。ハンドと物体との間には，法線方向にホロノミック制約，接線方向
にパフィアン制約が作用する。9 章で述べる有限要素法では，変形する物体のエ
ネルギーを定式化することにより，系を支配する方程式を導く。

を得る。任意の δx ならびに δy に対して，作用積分の変分は 0 でなくてはならない。これより，式 (7.15) ならびに式 (7.16) が得られる。

以上のように動力学の変分原理を用いると，制約を有する系の運動方程式を導くことができる。3.3 節で紹介した制約安定化法を用いることで，得られた運動方程式を制約 $R(x,y) = 0$ のもとで**数値的に解く**ことができる。

章　末　問　題

【1】 7.1 節で示した単振り子の安定状態の定式化において，区間に関する制約 $-\pi \leq \theta \leq \pi$ を省き，関数 $I(\theta)$ の最小値を数値的に求める。計算結果を検討せよ。

【2】 開リンク機構（問図 3.1）のラグランジュの運動方程式は

$$-\begin{bmatrix} H_{11} & H_{12} \\ H_{12} & H_{22} \end{bmatrix}\begin{bmatrix} \ddot{\theta}_1 \\ \ddot{\theta}_2 \end{bmatrix} + \begin{bmatrix} L(\theta_1, \theta_2, \dot{\theta}_1, \dot{\theta}_2; P_1, P_2) + \tau_1 \\ U(\theta_1, \theta_2, \dot{\theta}_1, \dot{\theta}_2; P_1, P_2) + \tau_2 \end{bmatrix} = \begin{bmatrix} 0 \\ 0 \end{bmatrix}$$

で与えられる。この結果を用いて，閉リンク機構の運動を定式化しよう。閉リンク機構（問図 3.2）における左アームのラグランジアンを $\mathcal{L}_{\text{left}}$，右アームのラグランジアンを $\mathcal{L}_{\text{right}}$ で表す。制約 X, Y（3 章の章末問題【6】）を考慮すると，閉リンク機構のラグランジアンは

$$\mathcal{L} = \mathcal{L}_{\text{left}} + \mathcal{L}_{\text{right}} + \lambda_x X + \lambda_y Y$$

と表される。ここで，λ_x, λ_y はラグランジュの未定乗数である。閉リンク機構におけるラグランジュの運動方程式を導き，運動方程式と制約安定化の式から，常微分方程式の標準形を導け。また，関節角 θ_1, θ_3 に PID 制御を適用する。閉リンク機構の運動を数値的に求めよ。

【3】 中心力により平面内を運動する質点 m の位置を極座標 r, θ で表す。中心力は $-ma/r^2$（a は正の定数）で与えられる。このとき，質点の運動エネルギーとポテンシャルエネルギーは

$$T = \frac{1}{2}m(\dot{r}^2 + r^2\dot{\theta}^2), \qquad U = -\frac{ma}{r}$$

で表される。以下の問に答えよ。

(1) 質点の運動方程式を求めよ。

(2) 初期値を適当に定めて微分方程式を数値的に解き，質点の運動を求めよ。また，$x = r\cos\theta$ ならびに $y = r\sin\theta$ を用いて質点の軌跡を描け。

【4】 問図 7.1 に示すように，全長 L の紙を水平面上で曲げる。このとき両端を指

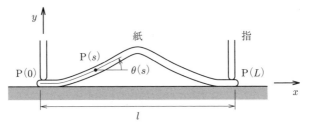

問図 **7.1** 紙の曲げ変形

で押さえ，紙を両端で水平に保つ．指と指の間隔を l とする．紙は一様に変形すると仮定し，断面の形状変形を調べる．紙に沿い左端から測った距離を s とし，距離 s の点を $P(s)$ で表す．点 $P(s)$ における紙の水平面からの角度を $\theta(s)$ とする．左端点に座標原点をおく．以下の問に答えよ．

(1) 点 $P(s)$ の x, y 座標 $x(s), y(s)$ はそれぞれ

$$x(s) = \int_0^s \cos\theta(u)\,du, \quad y(s) = \int_0^s \sin\theta(u)\,du$$

で表されることを示せ．

(2) 点 $P(s)$ に生じる曲げモーメントは，点 $P(s)$ における曲率に比例すると仮定する．曲げ剛性を R で表すと，曲げポテンシャルエネルギーは

$$U = \int_0^L \frac{1}{2}R\left(\frac{d\theta}{ds}\right)^2 ds$$

で表されることを示せ．

(3) 重力の影響が無視できると仮定する．静的に安定な紙の形状は

min U

subject to $\theta(0) = 0, \quad \theta(L) = 0, \quad x(L) = l, \quad y(L) = 0$

で計算できることを示せ．変形形状は有限要素法を用いて計算できる（9 章の章末問題【6】）．

【5】 3.1 節で述べた単振り子の運動において，棒の長さを時刻に応じて $l(t) = l_0 + A\sin\omega t$ と変化させる．ここで，l_0 は正の定数，A は定数 $(-l_0 < A < l_0)$，ω は角周波数を表す．この系の運動方程式を導き，常微分方程式の数値解法を用いて得られた運動方程式を数値的に解け．

【6】 剛体の姿勢を表す回転行列 R を，4 個のパラメータ q_0, q_1, q_2, q_3 を用いて

$$R = \begin{bmatrix} 2(q_0^2+q_1^2)-1 & 2(q_1q_2-q_0q_3) & 2(q_1q_3+q_0q_2) \\ 2(q_1q_2+q_0q_3) & 2(q_0^2+q_2^2)-1 & 2(q_2q_3-q_0q_1) \\ 2(q_1q_3-q_0q_2) & 2(q_2q_3+q_0q_1) & 2(q_0^2+q_3^2)-1 \end{bmatrix}$$

と表す。ただし，パラメータ q_0, q_1, q_2, q_3 はホロノミック制約

$$Q \triangleq q_0^2 + q_1^2 + q_2^2 + q_3^2 - 1 = 0$$

を満たす。回転行列のこのような表現法を，**四元数**（quaternions）と呼ぶ。この方法は，① パラメータの数が少ない，② 二次式で表され三角関数を含まない，③ 特異点を持たないという特徴を持ち，飛翔体の制御やコンピュータグラフィックスにおける剛体運動の計算などに広く用いられている。

4 個のパラメータをまとめて，ベクトル $\boldsymbol{q} = [\,q_0, q_1, q_2, q_3\,]^{\mathrm{T}}$ で表す。このとき剛体の角速度ベクトルは

$$\boldsymbol{\omega} = 2H\dot{\boldsymbol{q}}$$

ただし

$$H \triangleq \begin{bmatrix} -q_1 & q_0 & q_3 & -q_2 \\ -q_2 & -q_3 & q_0 & q_1 \\ -q_3 & q_2 & -q_1 & q_0 \end{bmatrix}$$

と表される。剛体の慣性行列を J で表す。剛体の回転を表す運動方程式を，つぎのように四元数で表せ。

(1) $H\boldsymbol{q} = \boldsymbol{0}$, $\dot{H}\dot{\boldsymbol{q}} = \boldsymbol{0}$, $HH^{\mathrm{T}} = I_3$ が成り立つことを示せ。なお，$H\boldsymbol{q} = \boldsymbol{0}$ の両辺を時間微分すると，$\dot{H}\boldsymbol{q} = H\dot{\boldsymbol{q}} = \boldsymbol{0}$ となり，$\boldsymbol{\omega} = 2H\dot{\boldsymbol{q}} = -2\dot{H}\boldsymbol{q}$ を得る。

(2) 剛体の回転運動エネルギー $T = (1/2)\boldsymbol{\omega}^{\mathrm{T}}J\boldsymbol{\omega}$ を，$\dot{\boldsymbol{q}}$ の二次形式，$\boldsymbol{q}$ の二次形式で表せ。これより，偏微分 $\partial T/\partial \boldsymbol{q}$ と $\partial T/\partial \dot{\boldsymbol{q}}$ を求めよ。

(3) ラグランジュの運動方程式に対する運動エネルギー T の寄与を求めよ。つぎに，制約 Q の寄与を求め，ラグランジュの運動方程式を導け。

(4) ホロノミック制約 Q の制約安定化の式が，$-\boldsymbol{q}^{\mathrm{T}}\ddot{\boldsymbol{q}} = r(\boldsymbol{q}, \dot{\boldsymbol{q}})$, ただし

$$r(\boldsymbol{q}, \dot{\boldsymbol{q}}) = \dot{\boldsymbol{q}}^{\mathrm{T}}\dot{\boldsymbol{q}} + 2\alpha\boldsymbol{q}^{\mathrm{T}}\dot{\boldsymbol{q}} + \frac{1}{2}\alpha^2(\boldsymbol{q}^{\mathrm{T}}\boldsymbol{q} - 1)$$

と表されることを示せ。ここで α は正の定数である。

(5) 4×4 行列

$$\hat{H} = \left[\begin{array}{c} -\boldsymbol{q}^{\mathrm{T}} \\ \hline H \end{array}\right]$$

が直交行列であることを示せ。

(6) $\hat{H}$ が直交行列であるという性質を用いて，制約安定化の式とラグランジュの運動方程式を $\ddot{\boldsymbol{q}}$ に関してまとめた式を解き，四元数で表した回転の運動方程式

88 　7. 変　分　原　理

$$\ddot{\boldsymbol{q}} \;=\; -r(\boldsymbol{q},\dot{\boldsymbol{q}})\boldsymbol{q} - 2H^{\mathrm{T}}J^{-1}\left\{(H\dot{\boldsymbol{q}})\times(JH\dot{\boldsymbol{q}})\right\}$$

を導け。

ここで，$\boldsymbol{\omega}=2H\dot{\boldsymbol{q}}$，$\dot{\boldsymbol{\omega}}=2\dot{H}\dot{\boldsymbol{q}}+2H\ddot{\boldsymbol{q}}=2H\ddot{\boldsymbol{q}}$ に注意すると，上式はオイラーの運動方程式 $J\dot{\boldsymbol{\omega}}=-\boldsymbol{\omega}\times J\boldsymbol{\omega}$ に制約安定化の項を組み込んだ式であることがわかる。トルク $\boldsymbol{\tau}$ が作用するときの運動方程式 $J\dot{\boldsymbol{\omega}}=-\boldsymbol{\omega}\times J\boldsymbol{\omega}+\boldsymbol{\tau}$ は

$$\ddot{\boldsymbol{q}} \;=\; -r(\boldsymbol{q},\dot{\boldsymbol{q}})\boldsymbol{q} - 2H^{\mathrm{T}}J^{-1}\left\{(H\dot{\boldsymbol{q}})\times(JH\dot{\boldsymbol{q}})-\frac{1}{4}\boldsymbol{\tau}\right\}$$

となる。

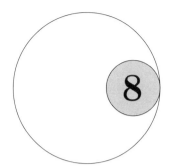

8 非線形最適化

多くの物理現象は，関数を最小あるいは最大にするという形式で定式化できることが知られている．最小化あるいは最大化すべき関数は一般に非線形であり，解析的に最適解（最小解や最大解）を求めることが難しい場合が多い．したがって，数値的に最適解を求める必要が生じる．本章では非線形の関数の最適解を数値的に求める手法を紹介する．最適化の手法としてネルダー・ミード法を紹介し，続いて制約を有する最適化問題の解法を述べる．

8.1 ネルダー・ミード法

目的とする関数は n 個の変数 $x_1, x_2, \cdots, x_n$ の関数であるとする．変数をまとめて**変数ベクトル**（variable vector） $\boldsymbol{x} = [x_1, x_2, \cdots, x_n]^\mathrm{T}$ で表し，**目的関数**（objective function）を $f(\boldsymbol{x})$ とする．本章では目的関数を最小化する．目的関数を最大化するときには，目的関数に (-1) を乗じた新たな目的関数を最小化すればよい．したがって解くべきは最小化問題

$$\min \ f(\boldsymbol{x}) \tag{8.1}$$

である．

目的関数の最適化において，1回の計算で最適解を見出すことは困難であり，繰返し計算を通して解を順次更新することが必要となる．このとき，単一の点における目的関数の値から，更新の方向を決定することは困難である．複数の点において目的関数を計算すると，それらの値を比較することにより，更新の

90　　8. 非 線 形 最 適 化

方向を決定することができる。すなわち，複数の点からなる集合を導入し，それらの点における目的関数の値を計算する。計算した値を比較し，点の集合を更新するというアルゴリズムである。このような考えに基づく代表的なアルゴリズムとして，**ネルダー・ミード法**[13]（Nelder-Mead method）を紹介する。

　未知変数の数を n とする。未知変数からなる n 次元ベクトル $\boldsymbol{x}$ は n 次元空間内の点とみなすことができる。空間内に $(n+1)$ 個の点を選び，これらの点を頂点とする閉包を単体と呼ぶ。二次元空間内の単体は三角形，三次元空間内の単体は四面体である。ネルダー・ミード法は，単体すなわち $(n+1)$ 個の点の集合を順次更新し，目的関数の最小値を求める手法である。ネルダー・ミード法の概略を以下に示す。

Step 1　初期の単体を生成する。
Step 2　収束条件を満たしたら終了。
Step 3　単体を更新する。
Step 4　Step 2 に戻る。

　ネルダー・ミード法における単体の更新について述べる。単体を頂点の集合で表そう。
$$S = \{\boldsymbol{x}_0, \boldsymbol{x}_1, \cdots, \boldsymbol{x}_{n-1}, \boldsymbol{x}_n\}$$
単体の頂点に対して目的関数 $f(\boldsymbol{x})$ の値を評価し，それを $f_0, f_1, \cdots, f_{n-1}, f_n$ で表す。ここで
$$f_0 \leqq f_1, \cdots, f_{n-2} \leqq f_{n-1} \leqq f_n$$
が満たされるように $(n+1)$ 個の点を並べる。すなわち，f_0 は $(n+1)$ 個の関数値の最小値，f_n は最大値，f_{n-1} は二番目に大きい値である。単体を更新するために，最大値以外の値に対応する頂点の図心 $\bar{\boldsymbol{x}}$ を求める。
$$\bar{\boldsymbol{x}} = \frac{1}{n} \sum_{k=0}^{n-1} \boldsymbol{x}_k$$
図心を用いて，鏡映（reflection），縮小（contraction），拡大（expansion），内部縮小（contraction inside）をつぎのように定める。

鏡映	$\bm{x}_{\text{reflect}} = (1+\alpha)\bar{\bm{x}} - \alpha\bm{x}_n$
縮小	$\bm{x}_{\text{contract}} = (1-\beta)\bar{\bm{x}} + \beta\bm{x}_{\text{reflect}}$
拡大	$\bm{x}_{\text{expand}} = (1+\gamma)\bm{x}_{\text{reflect}} - \gamma\bar{\bm{x}}$
内部縮小	$\bm{x}_{\text{inside}} = (1-\beta)\bar{\bm{x}} + \beta\bm{x}_n$

二次元の場合の例を図 8.1 に示す．鏡映，縮小，拡大，内部縮小における目的関数の値を評価し，それぞれ $f_{\text{reflect}}, f_{\text{contract}}, f_{\text{expand}}, f_{\text{inside}}$ とする．以下の規則で単体を更新する．

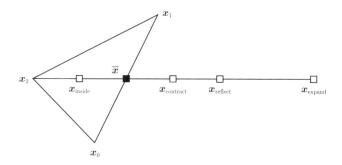

図 8.1 ネルダー・ミード法における評価点 ($\alpha = 1, \beta = 1/2, \gamma = 1$)．図心 $\bar{\bm{x}}$ は $(n-1)$ 次元の単体に含まれる．

単体の更新

(a) $f_{\text{reflect}} < f_0$ の場合

 (a-1) $f_{\text{expand}} \leq f_0$ のとき

  単体 S を $\{\bm{x}_0, \cdots, \bm{x}_{n-1}, \bm{x}_{\text{expand}}\}$ に更新

 (a-2) $f_{\text{expand}} > f_0$ のとき

  単体 S を $\{\bm{x}_0, \cdots, \bm{x}_{n-1}, \bm{x}_{\text{reflect}}\}$ に更新

(b) $f_0 \leq f_{\text{reflect}} \leq f_{n-1}$ の場合

 単体 S を $\{\bm{x}_0, \cdots, \bm{x}_{n-1}, \bm{x}_{\text{reflect}}\}$ に更新

(c) $f_{n-1} < f_{\text{reflect}} < f_n$ の場合

 (c-1) $f_{\text{contract}} \leq f_{\text{reflect}}$ のとき

  単体 S を $\{\bm{x}_0, \cdots, \bm{x}_{n-1}, \bm{x}_{\text{contract}}\}$ に更新

92   8. 非線形最適化

(c-2)　$f_{\mathrm{contract}} > f_{\mathrm{reflect}}$ のとき

　　　単体 S を $\{\boldsymbol{x}_0, (\boldsymbol{x}_1 + \boldsymbol{x}_0)/2, \cdots, (\boldsymbol{x}_n + \boldsymbol{x}_0)/2\}$ に更新

(d)　$f_n \leqq f_{\mathrm{reflect}}$ の場合

　(d-1)　$f_{\mathrm{inside}} \leqq f_n$ のとき

　　　単体 S を $\{\boldsymbol{x}_0, \cdots, \boldsymbol{x}_{n-1}, \boldsymbol{x}_{\mathrm{inside}}\}$ に更新

　(d-2)　$f_{\mathrm{inside}} > f_n$ のとき

　　　単体 S を $\{\boldsymbol{x}_0, (\boldsymbol{x}_1 + \boldsymbol{x}_0)/2, \cdots, (\boldsymbol{x}_n + \boldsymbol{x}_0)/2\}$ に更新

二次元単体の更新の例を，更新規則における各場合に対して**図 8.2** に示す。正方形（□）の中に示す関数値 $f_0 = 2$, $f_1 = 4$, $f_2 = 8$ が得られるとき，評価点における関数値によって二次元単体が更新される。新しい二次元単体を太線で示す。

　初期の単体を定めよう。変数の個数 n に対して

$$\delta_1 = \frac{\sqrt{n+1} + n - 1}{\sqrt{2}n}, \quad \delta_2 = \frac{\sqrt{n+1} - 1}{\sqrt{2}n}$$

を計算し，点の集合

$$\left.\begin{aligned}
\boldsymbol{e}_0 &= [0, 0, 0, \cdots, 0, 0]^{\mathrm{T}} \\
\boldsymbol{e}_1 &= [\delta_1, \delta_2, \delta_2, \cdots, \delta_2, \delta_2]^{\mathrm{T}} \\
\boldsymbol{e}_2 &= [\delta_2, \delta_1, \delta_2, \cdots, \delta_2, \delta_2]^{\mathrm{T}} \\
&\vdots \\
\boldsymbol{e}_n &= [\delta_2, \delta_2, \delta_2, \cdots, \delta_2, \delta_1]^{\mathrm{T}}
\end{aligned}\right\} \tag{8.2}$$

を求める。この点の集合は，原点を頂点とし辺の長さが 1 である単体を与える。したがって，点 $\boldsymbol{x}_{\mathrm{init}}$ を頂点とし，辺の長さが L である単体は

$$S_{\mathrm{init}} = \{L\boldsymbol{e}_0 + \boldsymbol{x}_{\mathrm{init}}, \ L\boldsymbol{e}_1 + \boldsymbol{x}_{\mathrm{init}}, \cdots, \ L\boldsymbol{e}_n + \boldsymbol{x}_{\mathrm{init}}\} \tag{8.3}$$

で与えられる。単体 S_{init} を初期単体として単体を順次更新する。

　単体の頂点における目的関数の値がたがいに十分に近くなったときに更新を終了する。そのために $f_0, \cdots, f_n$ の分散を計算し，その値があらかじめ与えられる閾値 ϵ より小さくなったとき，更新を終了しよう。すなわち

8.1 ネルダー・ミード法

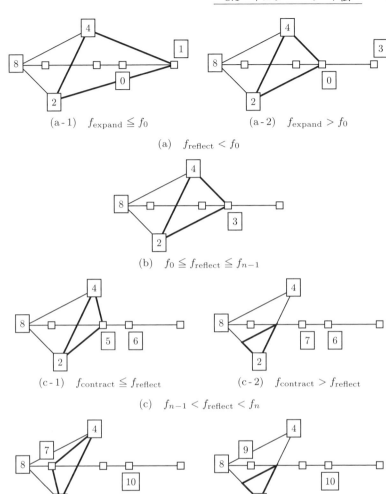

図 **8.2** ネルダー・ミード法における単体の更新例。評価点における目的関数の値によって新しい単体（太線）が構成される。

$$\mu = \frac{1}{n+1}\{f_0 + f_1 + \cdots + f_n\}$$
$$\sigma^2 = \frac{1}{n+1}\{(f_0 - \mu)^2 + (f_1 - \mu)^2 + \cdots + (f_n - \mu)^2\}$$

94   8. 非 線 形 最 適 化

を計算し，$\sigma^2 < \epsilon$ のときに更新を終了する。このとき，目的関数は x_0 で最小値 f_0 をとると判断する。

8.2 乗 数 法

　ネルダー・ミード法は，制約を持たない目的関数の最適化問題を解く。一方，工学の多くの分野では，与えられた制約のもとで目的関数を最適化することが求められる。本節では，制約を有する目的関数の最適化問題を解く手法として，**乗数法**（multiplier method）を紹介する。乗数法は，制約を有する目的関数の最適化問題を，制約を持たない目的関数の最適化問題に変換する。変換された問題は，ネルダー・ミード法により解くことができる。

　目的関数 $f(\boldsymbol{x})$ の最小解を等式制約 $g(\boldsymbol{x}) = 0$ のもとで求める。すなわち，制約付き最小化問題

$$\left.\begin{array}{ll} \min & f(\boldsymbol{x}) \\ \text{subject to} & g(\boldsymbol{x}) \ = \ 0 \end{array}\right\} \tag{8.4}$$

を解こう。この問題の解が $\boldsymbol{x}^*$ で与えられるとき

$$\nabla f(\boldsymbol{x}^*) + \lambda \nabla g(\boldsymbol{x}^*) \ = \ \boldsymbol{0} \tag{8.5}$$

を満たす λ が存在する。すなわち，勾配ベクトル $\nabla f(\boldsymbol{x}^*)$ と $\nabla g(\boldsymbol{x}^*)$ は一次従属であり，同じ直線上にある。このとき，$\nabla g(\boldsymbol{x}^*) \cdot \Delta \boldsymbol{x} = 0$ を満たす任意の $\Delta \boldsymbol{x}$ に対して $\nabla f(\boldsymbol{x}) \cdot \Delta \boldsymbol{x} = 0$ であるので，目的関数 $f(\boldsymbol{x})$ の値をこれ以上減らすことはできない（図 **8.3**(a)）。逆に，$\nabla f(\boldsymbol{x}^*)$ と $\nabla g(\boldsymbol{x}^*)$ が一次独立であるとき，$\nabla g(\boldsymbol{x}^*) \cdot \Delta \boldsymbol{x} = 0$ を満たし $\nabla f(\boldsymbol{x}) \cdot \Delta \boldsymbol{x} < 0$ となる $\Delta \boldsymbol{x}$ が存在する。すなわち制約 $g(\boldsymbol{x}) = 0$ を満たしながら目的関数 $f(\boldsymbol{x})$ の値を減らすことができるので $\boldsymbol{x}^*$ は最小解ではない（図 (b)）。式 (8.5) を**キューン・タッカー条件**（Kuhn-Tucker condition）と呼ぶ。

　制約付き最小化問題 (8.4) に対して拡張ラグランジュ関数（augmented Lagrange function）

8.2 乗　数　法

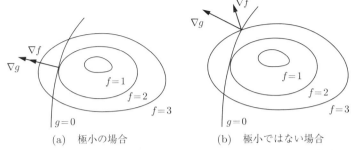

(a) 極小の場合　　　　　　(b) 極小ではない場合

図 **8.3** キューン・タッカー条件。極小の場合，∇f と ∇g は同じ直線上にある。同じ直線上にはない場合は極小ではない。

$$L(\boldsymbol{x};\lambda,r) = f(\boldsymbol{x}) + \lambda\, g(\boldsymbol{x}) + \frac{1}{2}r\,\{g(\boldsymbol{x})\}^2$$

を構成する。ここで r は正のパラメータである。十分大きい r とキューン・タッカー条件を満たす λ に対して，最小化問題 (8.4) の解は拡張ラグランジュ関数の極小解に一致する。ラグランジュ乗数 λ を逐次的に計算しよう。第 k 回の繰返しにおけるラグランジュ乗数を λ_k で表す。拡張ラグランジュ関数の極小値では

$$\frac{\partial L}{\partial \boldsymbol{x}}(\boldsymbol{x}^*) = \nabla f(\boldsymbol{x}^*) + \{\lambda + r\, g(\boldsymbol{x}^*)\}\nabla g(\boldsymbol{x}^*) = \boldsymbol{0}$$

を満たすので，ラグランジュ乗数を

$$\lambda_{k+1} = \lambda_k + r\, g(\boldsymbol{x}_k)$$

により更新すると λ_k がキューン・タッカー条件を満たすことが期待できる。ただし，パラメータ r が十分に大きいことが前提であるので，パラメータ r の更新則を導入しよう。第 k 回の繰返しにおけるパラメータ r の値を r_k で表す。定数 $\alpha > 1$ を選び $r_{k+1} = \alpha r_k$ とすることにより，パラメータ r を十分に大きくすることができる。一方，繰返しの回数が多くなると r が発散し，数値計算が不安定になる恐れが高い。そこで，ラグランジュ乗数の更新則とパラメータ r の更新則を修正しよう。等式制約 $g(\boldsymbol{x}_k) = 0$ が満たされるまでは，ラグランジュ乗数を更新せずパラメータ r の値を増やし，等式制約を満たすことを優先する。等式制約が満たされたときにラグランジュ乗数を更新する。すなわちラ

96   8. 非 線 形 最 適 化

グランジュ乗数の更新則を

$$\lambda_{k+1} = \begin{cases} \lambda_k + r\, g(\boldsymbol{x}_k) & (\| g(\boldsymbol{x}_k) \| \leq c_k) \\ \lambda_k & (\| g(\boldsymbol{x}_k) \| > c_k) \end{cases}$$

と修正する。ここで c_k は，制約を満たすか否かを判定するための閾値である。さらに定数 $\beta \in (0,1)$ を選び，上式と並行してパラメータ r の更新則を

$$r_{k+1} = \begin{cases} r_k & (\| g(\boldsymbol{x}_k) \| \leq \beta c_k) \\ \alpha r_k & (\| g(\boldsymbol{x}_k) \| > \beta c_k) \end{cases}$$

と定めると，パラメータ r の計算が安定になることが示されている[14]。つぎに，閾値 c_k の更新則を導こう。第 k 回の繰返しで等式制約が満たされない，すなわち $\| g(\boldsymbol{x}_k) \| > c_k$ のときには $c_{k+1} = c_k$ と設定し，つぎの繰返しにおける判断の条件を同じに保つ。一方，第 k 回の繰返しで等式制約を満たす，すなわち $\| g(\boldsymbol{x}_k) \| \leq c_k$ のときには $c_{k+1} = \| g(\boldsymbol{x}_k) \|$ と設定し，つぎの繰返しにおける判断の条件をより厳しくする。以上の更新則は

・$\| g(\boldsymbol{x}_k) \| \leq c_k$ の場合：

$\lambda_{k+1} = \lambda_k + r_k\, g(\boldsymbol{x}_k), \qquad c_{k+1} = \| g(\boldsymbol{x}_k) \|$

$\| g(\boldsymbol{x}_k) \| \leq \beta c_k$ の場合：$r_{k+1} = r_k$

$\| g(\boldsymbol{x}_k) \| > \beta c_k$ の場合：$r_{k+1} = \alpha r_k$

・$\| g(\boldsymbol{x}_k) \| > c_k$ の場合：

$\lambda_{k+1} = \lambda_k, \qquad c_{k+1} = c_k, \qquad r_{k+1} = \alpha r_k$

とまとめることができる。

目的関数 $f(\boldsymbol{x})$ の最小解を不等式制約 $h(\boldsymbol{x}) \leq 0$ のもとで求める。すなわち，制約付き最小化問題

$$\left. \begin{array}{l} \min \quad f(\boldsymbol{x}) \\ \text{subject to} \quad h(\boldsymbol{x}) \leq 0 \end{array} \right\} \tag{8.6}$$

を解こう。**スラック変数**（slack variable）y を導入し不等式制約を等式制約に変換すると

$$
\left.
\begin{aligned}
&\min \quad f(\boldsymbol{x}) \\
&\text{subject to} \quad h(\boldsymbol{x}) + y^2 = 0
\end{aligned}
\right\} \tag{8.7}
$$

を得る。制約付き最小化問題 (8.7) の拡張ラグランジュ関数は

$$
L'(\boldsymbol{x}, y; \mu, s) = f(\boldsymbol{x}) + \mu\{h(\boldsymbol{x}) + y^2\} + \frac{1}{2}s\{h(\boldsymbol{x}) + y^2\}^2
$$

で与えられる。ここで s は正のパラメータである。拡張ラグランジュ関数の極小値では

$$
\frac{\partial L'}{\partial y} = 2y\left[\mu + s\{h(\boldsymbol{x}) + y^2\}\right] = 0
$$

を満たすので

$$
y^2 = -\frac{\mu}{s} - h(\boldsymbol{x})
$$

となる。上式の右辺が正または 0 のときには不等式制約 $h(\boldsymbol{x}) \leq 0$ が満たされており，拡張ラグランジュ関数 L' における y^2 を上式の右辺で置き換えることができる。上式の右辺が負のときには，不等式制約 $h(\boldsymbol{x}) \leq 0$ が破られ $h(\boldsymbol{x})$ の値が正になっているので，$h(\boldsymbol{x})$ の値が 0 になるように不等式制約に代わって等式制約 $h(\boldsymbol{x}) = 0$ を課す。これは拡張ラグランジュ関数 L' における y^2 を 0 で置き換えることに相当する。まとめると

$$
y^2 = \begin{cases}
-\dfrac{\mu}{s} - h(\boldsymbol{x}) & (\mu + sh(\boldsymbol{x}) \leq 0) \\[2mm]
0 & (\mu + sh(\boldsymbol{x}) > 0)
\end{cases}
$$

したがって拡張ラグランジュ関数 $L'(\boldsymbol{x}, y; \mu, s)$ の最小化は，スラック変数を含まない拡張ラグランジュ関数

$$
L(\boldsymbol{x}; \mu, s) = \begin{cases}
f(\boldsymbol{x}) - \dfrac{1}{2}\dfrac{\mu^2}{s} & (\mu + sh(\boldsymbol{x}) \leq 0) \\[2mm]
f(\boldsymbol{x}) + \mu h(\boldsymbol{x}) + \dfrac{1}{2}s\{h(\boldsymbol{x})\}^2 & (\mu + sh(\boldsymbol{x}) > 0)
\end{cases}
$$

の最小化と等価である。パラメータ r と乗数 s の更新則は

$\cdot \| h(\boldsymbol{x}_k) + y_k^2 \| \leq c_k$ の場合：

$$
\mu_{k+1} = \mu_k + s_k\{h(\boldsymbol{x}_k) + y_k^2\}, \qquad c_{k+1} = \| h(\boldsymbol{x}_k) + y_k^2 \|
$$

$\| h(\boldsymbol{x}_k) + y_k^2 \| \leq \beta c_k$ の場合：$s_{k+1} = s_k$

98   8. 非 線 形 最 適 化

$\| h(\boldsymbol{x}_k) + y_k^2 \| > \beta c_k$ の場合：$s_{k+1} = \alpha s_k$

$\cdot \| h(\boldsymbol{x}_k) + y_k^2 \| > c_k$ の場合：

$$\mu_{k+1} = \mu_k, \quad c_{k+1} = c_k, \quad s_{k+1} = \alpha s_k$$

と表すことができる。スラック変数を消去すると更新則は

$$H_k = \| \max\{h(\boldsymbol{x}_k), -\mu_k/s_k\} \|$$

$\cdot H_k \leqq c_k$ の場合：

$\mu_k + s_k h(\boldsymbol{x}_k) \leqq 0$ の場合：$\mu_{k+1} = 0$

$\mu_k + s_k h(\boldsymbol{x}_k) > 0$ の場合：$\mu_{k+1} = \mu_k + s_k\, h(\boldsymbol{x}_k)$

$c_{k+1} = H_k$

$H_k \leqq \beta c_k$ の場合：$s_{k+1} = s_k$

$H_k > \beta c_k$ の場合：$s_{k+1} = \alpha s_k$

$\cdot H_k > c_k$ の場合：

$$\mu_{k+1} = \mu_k, \quad c_{k+1} = c_k, \quad s_{k+1} = \alpha s_k$$

とまとめることができる。指標 H_k は不等式制約がどの程度満たされているか
を表す。

等式制約が複数あるときには各制約に対して λ と r を導入する。不等式制約
が複数あるときには各制約に対して μ と s を導入する。目的関数 $f(\boldsymbol{x})$ の最小
解を等式制約 $g_i(\boldsymbol{x}) = 0$　$(i = 1, 2, \cdots)$ ならびに不等式制約 $h_j(\boldsymbol{x}) \leqq 0$　$(j = 1, 2, \cdots)$ のもとで求める。すなわち，制約付き最小化問題

$$\left.\begin{array}{ll} \min & f(\boldsymbol{x}) \\ \text{subject to} & g_i(\boldsymbol{x}) = 0 \quad (i = 1, 2, \cdots) \\ & h_j(\boldsymbol{x}) \leqq 0 \quad (j = 1, 2, \cdots) \end{array}\right\} \tag{8.8}$$

を解こう。等式制約に対応するラグランジュ乗数 $\boldsymbol{\lambda} = [\lambda_1, \lambda_2, \cdots]^{\mathrm{T}}$ とパラメー
タ $\boldsymbol{r} = [r_1, r_2, \cdots]^{\mathrm{T}}$ ならびに不等式制約に対応する乗数 $\boldsymbol{\mu} = [\mu_1, \mu_2, \cdots]^{\mathrm{T}}$
とパラメータ $\boldsymbol{s} = [s_1, s_2, \cdots]^{\mathrm{T}}$ を導入すると拡張ラグランジュ関数は

$$L(\boldsymbol{x}; \boldsymbol{\lambda}, \boldsymbol{\mu}, \boldsymbol{r}, \boldsymbol{s})$$

$$= f(\boldsymbol{x}) + \sum_i \left\{ \lambda_i\, g_i(\boldsymbol{x}) + \frac{1}{2} r_i \{ g_i(\boldsymbol{x}) \}^2 \right\}$$

$$+ \sum_j \begin{cases} -\dfrac{1}{2} \dfrac{(\mu_j)^2}{s_j} & (\mu_j + s_j h_j(\boldsymbol{x}) \leqq 0) \\[2mm] \mu_j\, h_j(\boldsymbol{x}) + \dfrac{1}{2} s_j \{ h_j(\boldsymbol{x}) \}^2 & (\mu_j + s_j h_j(\boldsymbol{x}) > 0) \end{cases}$$

$$\tag{8.9}$$

と表される。乗数法のアルゴリズムはつぎのように表される。繰返しの回数を表す添字は省略し，値が変化しない更新式は書いていない。

乗数法

Step 1 $\alpha \approx 10,\ \beta \approx 1/4$。収束を判定する $\epsilon > 0$ を設定する。

初期化。$\lambda_i = 0,\quad \mu_j = 0,\quad r_i = 10,\quad s_j = 10,\quad c = \infty$

Step 2 拡張ラグランジュ関数の制約なし最小化を実行し，解 $\boldsymbol{x}$ を求める。

Step 3 等式制約と不等式制約を評価する指標を計算する。

$$G_i = \| g_i(\boldsymbol{x}) \| \qquad (i = 1, 2, \cdots)$$

$$H_j = \| \max\{ h_j(\boldsymbol{x}), -\mu_j/s_j \} \| \quad (j = 1, 2, \cdots)$$

$g_{\max} = \max\{ G_1, G_2, \cdots \}$ と $h_{\max} = \max\{ H_1, H_2, \cdots \}$ を計算。

Step 4 $g_{\max} \geqq c$ あるいは $h_{\max} \geqq c$ のときは **Step 7** へ。

Step 5 $c = \max\{ g_{\max}, h_{\max} \}$ とする。$c \leqq \epsilon$ ならば停止。

Step 6 ラグランジュ乗数を更新する。

$$\lambda_i := \lambda_i + r_i\, g_i(\boldsymbol{x}) \qquad (i = 1, 2, \cdots)$$

$$\mu_j := \max\{ 0,\, \mu_j + s_j h_j(\boldsymbol{x}) \} \quad (j = 1, 2, \cdots)$$

Step 7 パラメータを更新する。

$$G_i \leqq \beta c \text{ ならば } r_i := \alpha r_i \quad (i = 1, 2, \cdots)$$

$$H_j \leqq \beta c \text{ ならば } s_j := \alpha s_j \quad (j = 1, 2, \cdots)$$

Step 2 へ戻る。

100   8. 非 線 形 最 適 化

このアルゴリズムでは，十分に満たされていない等式制約あるいは不等式制約がある，すなわち $g_{\max} \geqq c$ あるいは $h_{\max} \geqq c$ が成り立つ限り，ラグランジュ乗数を更新せずにパラメータ r_i と s_j の値を増やし，すべての等式制約と不等式制約を満たすことを優先する。すべての等式制約と不等式制約が満たされたときに，ラグランジュ乗数を更新する。拡張ラグランジュ関数の制約なし最小化には，ネルダー・ミード法やそのほかの最適化手法を適用できる。

章 末 問 題

【1】 式 (8.2) で与えられる点の集合が，原点を頂点とし辺の長さが 1 である単体であることを示せ。

【2】 乗数法のプログラムを構成せよ。それを用いて，制約付き最小化問題

$$\min \ f(x_1, x_2) \ = \ x_1^2 + \frac{1}{3} x_2^2$$

$$\text{subject to} \quad g_1(x_1, x_2) \ = \ -x_1 - x_2 + 1 \ = \ 0$$
$$h_1(x_1, x_2) \ = \ -x_1 \leq 0$$
$$h_2(x_1, x_2) \ = \ -x_2 \leq 0$$

を解け。この最小化問題の解は $f(1/4, 3/4) = 1/4$ である。

【3】 2 章の章末問題【5】を，乗数法を用いて数値的に解け。

【4】 鉛直面内の曲線に沿って質点が滑り落ちる。水平方向を x 軸，重力方向を y 軸とし，曲線の始点を原点 O とする。曲線の終点を点 P とし，その座標を (x_e, y_e) で表す。曲線を $y = y(x)$ で表し，質点と曲線の間に摩擦が働かないと仮定し，質点が始点 O から終点 P まで滑り落ちるために要する時間が最小になる曲線を求める。この曲線を最速降下曲線と呼ぶ。最速降下曲線を求めるためには

$$\min \int_0^{x_e} \sqrt{\frac{1 + (y')^2}{y}} \, \mathrm{d}x$$

$$\text{subject to} \quad y(0) \ = \ 0, \quad y(x_e) = y_e$$

を解けばよい（解析力学の書籍，例えば巻末の文献15) を参照）。関数 $y(x)$ に区分線形補間を適用し，両端以外の節点 x_k における関数値を y_k で表す。節点の個数を n とすると，上式の積分は $y_1, y_2, \cdots, y_n$ で表される。積分を最小化することにより，最速降下曲線を求めよ。

【5】 5 章の章末問題【4】では，周波数を既知として振幅と位相差を求めた。周波

数のおおよその値がわかっているとき，最適化の手法を用いて周波数の値を求めよ。

【6】 ネルダー・ミード法は，式の形で書かれた目的関数のみならず，コンピュータシミュレーションを通して値を計算する目的関数にも適用できる。例えば，挙動が常微分方程式 $\ddot{x} + b\dot{x} + 9x = 0$ で表される系において，整定時間を最小にする b の値を求めよう。系の初期条件を $x(0) = x_0$，$\dot{x}(0) = 0$ とする。整定時間 t_s を

$$t_s = \min\{\tau \mid |x(t)| \leqq \epsilon x_0, \forall t \geqq \tau\}$$

と定める。ここで ϵ は正の定数である。このとき，パラメータ b の値を与えて，常微分方程式を数値的に解き，その結果から整定時間の値を求めることができる。この過程を目的関数 $t_s = f(b)$ とみなし，ネルダー・ミード法を用いると，整定時間が最小となる b の値を求めることができる。この最小化問題を解け。

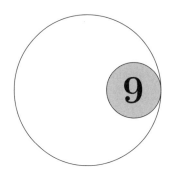

9 有限要素法

本章では，境界値問題を解くアルゴリズムである**有限要素法**（finite element method：FEM）を紹介する．有限要素法は適用範囲が広く，工学のさまざまな問題，例えば材料力学における変形の計算，電磁気学における電磁場の計算，音響工学における音場の計算，熱工学における熱分布の計算などに用いられている．本章では，弾性変形の計算を例として有限要素法の基本的な考え方を述べる．

9.1 ビームの静力学における一次元有限要素法

本節では，図 **9.1** に示すビームの一次元変形を例に有限要素法を説明する．ビームの長さは L であり，左端から距離 x の点を P(x) で表す．左端 P(0) は

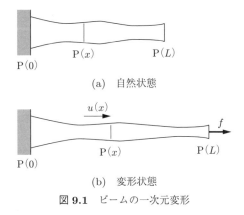

(a) 自然状態

(b) 変形状態

図 **9.1** ビームの一次元変形

空間に固定されている。点 P(x) の変位を $u(x)$ で表す。このときビームの変形は関数 $u(x)$ $(0 \leq x \leq L)$ で表すことができる。点 P(x) におけるヤング率を $E(x)$，断面積を $A(x)$ で表す。右端 P(L) に外力 f を作用させたときのビームの変形は，微分方程式

$$\frac{\mathrm{d}}{\mathrm{d}x} \left(EA \frac{\mathrm{d}u}{\mathrm{d}x} \right) = 0 \tag{9.1}$$

ただし

$$u(0) = 0 \tag{9.2}$$

$$E(L)A(L)\frac{\mathrm{d}u}{\mathrm{d}x}(L) = f \tag{9.3}$$

で表される。微分方程式 (9.1) は点 P(x) における応力の釣合いを表す。**境界条件**（boundary condition）(9.2) は左端が固定されているという幾何学的な制約を表し，境界条件 (9.3) は右端における力の釣合い式である。3 章では常微分方程式の数値解法を述べた。3 章で扱った微分方程式は**初期値問題**（initial value problem）と呼ばれ，初期の時刻や場所における状態変数の値が与えられ，微分方程式を解くことによってそれ以外の時刻や場所の状態変数の値を求めるという問題である。上記の問題は，独立変数 x の区間 $[\,0, L\,]$ の両端において条件が与えられ，微分方程式を解くことによって区間内部の状態変数の値を求めるという問題である。このような問題を**境界値問題**（boundary value problem）と呼ぶ。

　3 章で述べた数値解法は常微分方程式の初期値問題の解法であり，境界値問題には不向きである。また，上記の問題は一次元の変形を扱っているため，独立変数は x の 1 個であり，変形は関数 $u(x)$ で表される。二次元あるいは三次元の変形を扱うためには，独立変数が x, y の 2 個あるいは x, y, z の 3 個が必要となり，変形はベクトル場で表される。このような場合に変形は**偏微分方程式**（partial differential equation：PDE）の境界値問題として定式化される。偏微分方程式の境界値問題を 3 章で述べた数値解法で解くことはできない。有限要素法は境界値問題を解くアルゴリズムの一つである。有限要素法の概略をつぎに示す。

104   9. 有 限 要 素 法

Step 1　境界値問題と等価な積分表現を導く。

Step 2　未知関数を近似し，積分表現を有限個のパラメータで表す。

Step 3　積分表現を最小化（最大化）するパラメータを求める。

　上記の問題においては，静力学の変分原理に基づいて等価な表現を導くことができる。弾性ポテンシャルエネルギー U と外力 f による仕事 W は

$$U = \int_0^L \frac{1}{2} EA \left(\frac{\mathrm{d}u}{\mathrm{d}x} \right)^2 \mathrm{d}x \tag{9.4}$$

$$W = f\,u(L) \tag{9.5}$$

と表される。弾性ポテンシャルエネルギーと外力による仕事は関数 $u(x)$ に依存する量であり，**汎関数**（functional）と呼ばれる。静力学の変分原理に基づくと，静的な平衡状態では制約 $u(0) = 0$ のもとで内部エネルギー $I = U - W$ が最小になる。したがって，つぎの問題を解くことにより平衡状態における変位を求めることができる。

$$\left.\begin{array}{l} \min \quad I = U - W \\ \text{subject to} \quad u(0) = 0 \end{array}\right\} \tag{9.6}$$

以上で境界値問題と等価な積分表現式を導くことができた。つぎに，未知関数を区分線形補間で表そう。区間 $[0, L]$ を有限個，例えば 6 個の小区間に等分する。各小区間の幅は $h = L/6$ である。区間の境界を定める点を**節点**（nodal point）と呼ぶ。ここで節点を $x_0 = 0, x_1 = h, x_2 = 2h, \cdots, x_6 = L$ で表す。小区間 $[x_i, x_j]$ における関数 $u(x)$ の区分線形補間は，式 (6.3) より

$$u(x) = u_i\, N_{i,j}(x) + u_j\, N_{j,i}(x) \quad (x_i \leqq x \leqq x_j) \tag{9.7}$$

と表される。ここで u_i, u_j は節点 x_i, x_j における変位である。区分線形補間は関数 $u(x)$ を 7 個のパラメータ $u_0, u_1, \cdots, u_6$ で表すことに相当する。区分線形補間式 (9.7) を式 (9.4) に代入し，弾性ポテンシャルエネルギーを 7 個のパラメータ $u_0, u_1, \cdots, u_6$ で表そう。ここではヤング率 E と断面積 A が定数と仮定する。積分区間 $[0, L]$ を小区間に分割すると

$$U = \int_{x_0}^{x_1} \frac{1}{2} EA \left(\frac{\mathrm{d}u}{\mathrm{d}x} \right)^2 \mathrm{d}x + \int_{x_1}^{x_2} \frac{1}{2} EA \left(\frac{\mathrm{d}u}{\mathrm{d}x} \right)^2 \mathrm{d}x + \cdots$$
$$+ \int_{x_5}^{x_6} \frac{1}{2} EA \left(\frac{\mathrm{d}u}{\mathrm{d}x} \right)^2 \mathrm{d}x$$

と表される。積分区間 $[\,x_i,\,x_j\,]$ で関数 $u(x)$ は式 (9.7) で表される。6 章の章末問題【5】の結果を用いると

$$\int_{x_i}^{x_j} \frac{1}{2} EA \left(\frac{\mathrm{d}u}{\mathrm{d}x} \right)^2 \mathrm{d}x = \frac{1}{2} \begin{bmatrix} u_i & u_j \end{bmatrix} \frac{EA}{h} \begin{bmatrix} 1 & -1 \\ -1 & 1 \end{bmatrix} \begin{bmatrix} u_i \\ u_j \end{bmatrix}$$

が成り立つことがわかる。したがって

$$U = \frac{1}{2} \begin{bmatrix} u_0 & u_1 \end{bmatrix} \frac{EA}{h} \begin{bmatrix} 1 & -1 \\ -1 & 1 \end{bmatrix} \begin{bmatrix} u_0 \\ u_1 \end{bmatrix}$$
$$+ \frac{1}{2} \begin{bmatrix} u_1 & u_2 \end{bmatrix} \frac{EA}{h} \begin{bmatrix} 1 & -1 \\ -1 & 1 \end{bmatrix} \begin{bmatrix} u_1 \\ u_2 \end{bmatrix} + \cdots$$
$$+ \frac{1}{2} \begin{bmatrix} u_5 & u_6 \end{bmatrix} \frac{EA}{h} \begin{bmatrix} 1 & -1 \\ -1 & 1 \end{bmatrix} \begin{bmatrix} u_5 \\ u_6 \end{bmatrix}$$

であり，まとめると

$$U = \frac{1}{2} \begin{bmatrix} u_0 & u_1 & \cdots & u_5 & u_6 \end{bmatrix} \frac{EA}{h} \begin{bmatrix} 1 & -1 & & & \\ -1 & 2 & -1 & & \\ & \ddots & \ddots & \ddots & \\ & & -1 & 2 & -1 \\ & & & -1 & 1 \end{bmatrix} \begin{bmatrix} u_0 \\ u_1 \\ \vdots \\ u_5 \\ u_6 \end{bmatrix}$$

を得る。節点変位ベクトル

$$\boldsymbol{u}_{\mathrm{N}} = \begin{bmatrix} u_0 \\ u_1 \\ \vdots \\ u_6 \end{bmatrix} \tag{9.8}$$

ならびに剛性行列

106   9. 有 限 要 素 法

$$
K = \frac{EA}{h}
\begin{bmatrix}
1 & -1 & & & \\
-1 & 2 & -1 & & \\
& \ddots & \ddots & \ddots & \\
& & -1 & 2 & -1 \\
& & & -1 & 1
\end{bmatrix}
\tag{9.9}
$$

を導入すると，弾性ポテンシャルエネルギーは二次形式

$$
U = \frac{1}{2}\,\boldsymbol{u}_\mathrm{N}^\mathrm{T}\,K\,\boldsymbol{u}_\mathrm{N}
\tag{9.10}
$$

で表される。外力 f による仕事 W は

$$
W = \boldsymbol{f}^\mathrm{T}\boldsymbol{u}_\mathrm{N}
\tag{9.11}
$$

ただし

$$
\boldsymbol{f} =
\begin{bmatrix}
0 \\
\vdots \\
0 \\
f
\end{bmatrix}
\tag{9.12}
$$

と表される。また，制約 $u(0) = 0$ は

$$
\boldsymbol{a}^\mathrm{T}\boldsymbol{u}_\mathrm{N} = 0
\tag{9.13}
$$

ただし

$$
\boldsymbol{a} =
\begin{bmatrix}
1 \\
0 \\
\vdots \\
0
\end{bmatrix}
\tag{9.14}
$$

と表される。したがって，関数 $u(x)$ に関する最小化問題（式 (9.6)）は

$$
\min \quad I(\boldsymbol{u}_\mathrm{N}) = \frac{1}{2}\,\boldsymbol{u}_\mathrm{N}^\mathrm{T}\,K\,\boldsymbol{u}_\mathrm{N} - \boldsymbol{f}^\mathrm{T}\boldsymbol{u}_\mathrm{N}
\tag{9.15}
$$

$$
\text{subject to} \quad \boldsymbol{a}^\mathrm{T}\boldsymbol{u}_\mathrm{N} = 0
\tag{9.16}
$$

と書き換えることができる。以上で積分表現をパラメータベクトル $\boldsymbol{u}_\mathrm{N}$ で表すことができた。上式はパラメータベクトル $\boldsymbol{u}_\mathrm{N}$ に関する制約付き最小化問題で

ある。ラグランジュの未定乗数 λ を導入して，制約付き最小化問題を制約なし最小化問題に変換する。

$$\min \quad J(\boldsymbol{u}_{\mathrm{N}}, \lambda) \ = \ I(\boldsymbol{u}_{\mathrm{N}}) - \lambda \boldsymbol{a}^{\mathrm{T}} \boldsymbol{u}_{\mathrm{N}} \tag{9.17}$$

極値になる条件は

$$\frac{\partial J}{\partial \boldsymbol{u}_{\mathrm{N}}} \ = \ K \boldsymbol{u}_{\mathrm{N}} - \boldsymbol{f} - \lambda \boldsymbol{a} \ = \ \boldsymbol{0}$$

$$\frac{\partial J}{\partial \lambda} \ = \ -\boldsymbol{a}^{\mathrm{T}} \boldsymbol{u}_{\mathrm{N}} \ = \ 0$$

であるのでベクトル形式にまとめると

$$\left[\begin{array}{c|c} K & -\boldsymbol{a} \\ \hline -\boldsymbol{a}^{\mathrm{T}} & 0 \end{array} \right] \left[\begin{array}{c} \boldsymbol{u}_{\mathrm{N}} \\ \hline \lambda \end{array} \right] = \left[\begin{array}{c} \boldsymbol{f} \\ \hline 0 \end{array} \right] \tag{9.18}$$

を得る。左辺の係数行列は正則であるので式 (9.18) を解いて，$\boldsymbol{u}_{\mathrm{N}}$ と λ の値を求めることができる。けっきょく，境界値問題（式 (9.1), (9.2), (9.3)）を連立一次方程式 (9.18) に帰着させることができた。以上の計算過程を有限要素法と呼ぶ。

断面積が一様でなく，x の関数 $A(x)$ で与えられる場合の弾性ポテンシャルエネルギーを求めよう。ヤング率 E は一定とする。小区間 $[\,x_i, x_j\,]$ において，$\mathrm{d}u/\mathrm{d}x$ は一定値 $(-u_i + u_j)/h$ をとることに注意すると，小区間における弾性ポテンシャルエネルギーは

$$\int_{x_i}^{x_j} \frac{1}{2} E A(x) \left(\frac{\mathrm{d}u}{\mathrm{d}x} \right)^2 \mathrm{d}x \ = \ \frac{1}{2} E \left(\frac{-u_i + u_j}{h} \right)^2 \int_{x_i}^{x_j} A(x)\,\mathrm{d}x$$

$$= \frac{1}{2} \left[\begin{array}{cc} u_i & u_j \end{array} \right] \frac{E}{h^2} \left[\begin{array}{cc} V_{i,j} & -V_{i,j} \\ -V_{i,j} & V_{i,j} \end{array} \right] \left[\begin{array}{c} u_i \\ u_j \end{array} \right]$$

と表される。ここで

$$V_{i,j} \ = \ \int_{x_i}^{x_j} A(x)\,\mathrm{d}x$$

は小区間 $[\,x_i, x_j\,]$ で切り取られる領域の体積である。したがって，区間 $[\,0, L\,]$ を 6 等分したとき，剛性行列は

$$K = \frac{E}{h^2} \begin{bmatrix} V_{0,1} & -V_{0,1} & & & & & \\ -V_{0,1} & V_{0,1}+V_{1,2} & -V_{1,2} & & & & \\ & -V_{1,2} & V_{1,2}+V_{2,3} & -V_{2,3} & & & \\ & & \ddots & \ddots & \ddots & & \\ & & & & -V_{4,5} & V_{4,5}+V_{5,6} & -V_{5,6} \\ & & & & & -V_{5,6} & V_{5,6} \end{bmatrix}$$

と表される．この行列 K は帯行列である．

複数の幾何制約がある変形を定式化しよう．図 **9.2** に示すように，一様なビームの両端が壁に固定されている．ビームの中央に外力 f を作用させる．区間 $[0,L]$ を6分割すると，$\boldsymbol{u}_\mathrm{N} = [u_0, u_1, \cdots, u_6]^\mathrm{T}$ である．弾性ポテンシャルエネルギー U は式 (9.10)，剛性行列 K は式 (9.9) で与えられる．外力のなす仕事 W は式 (9.11) で与えられる．ただし，$\boldsymbol{f} = [0,0,0,f,0,0,0]^\mathrm{T}$ である．制約 $u(0)=0,\ u(L)=0$ は，$\boldsymbol{a}_0^\mathrm{T} \boldsymbol{u}_\mathrm{N} = 0,\ \boldsymbol{a}_L^\mathrm{T} \boldsymbol{u}_\mathrm{N} = 0$ と表される．ここで $\boldsymbol{a}_0 = [1,0,0,0,0,0,0]^\mathrm{T},\ \boldsymbol{a}_L = [0,0,0,0,0,0,1]^\mathrm{T}$ である．ラグランジュの未定乗数を導入し，内部エネルギー $U-W$ に制約を組み込むと

$$J(\boldsymbol{u}_\mathrm{N}, \lambda_0, \lambda_L) = \frac{1}{2} \boldsymbol{u}_\mathrm{N}^\mathrm{T} K \boldsymbol{u}_\mathrm{N} - \boldsymbol{f}^\mathrm{T} \boldsymbol{u}_\mathrm{N} - \lambda_0 \boldsymbol{a}_0^\mathrm{T} \boldsymbol{u}_\mathrm{N} - \lambda_L \boldsymbol{a}_L^\mathrm{T} \boldsymbol{u}_\mathrm{N}$$

となる．上式を $\boldsymbol{u}_\mathrm{N}, \lambda_0, \lambda_L$ で偏微分することにより

$$K\boldsymbol{u}_\mathrm{N} - \boldsymbol{f} - \lambda_0 \boldsymbol{a}_0 - \lambda_L \boldsymbol{a}_L = \boldsymbol{0}$$
$$-\boldsymbol{a}_0^\mathrm{T} \boldsymbol{u}_\mathrm{N} = 0$$
$$-\boldsymbol{a}_L^\mathrm{T} \boldsymbol{u}_\mathrm{N} = 0$$

を得る．まとめると

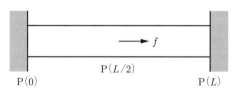

図 **9.2** 両端を固定されたビームに力を印加

$$
\begin{bmatrix} K & -A \\ -A^{\mathrm{T}} & \end{bmatrix} \begin{bmatrix} \boldsymbol{u}_{\mathrm{N}} \\ \boldsymbol{\lambda} \end{bmatrix} = \begin{bmatrix} \boldsymbol{f} \\ \boldsymbol{0} \end{bmatrix} \tag{9.19}
$$

ただし

$$
A = \begin{bmatrix} \boldsymbol{a}_0 & \boldsymbol{a}_L \end{bmatrix} = \begin{bmatrix} 1 & 0 \\ 0 & 0 \\ \vdots & \vdots \\ 0 & 0 \\ 0 & 1 \end{bmatrix}
$$

$$
\boldsymbol{\lambda} = \begin{bmatrix} \lambda_0 \\ \lambda_L \end{bmatrix}
$$

となる。連立一次方程式 (9.19) は，一般的な平衡式を表す。

9.2 ビームの動力学における一次元有限要素法

本節では，ビームの動的な変形を一次元有限要素法を用いて定式化する。時刻 t における点 $\mathrm{P}(x)$ の変位を $u(x,t)$ で表す。点 $\mathrm{P}(x)$ におけるビームの線密度を $\rho(x)$ とする。このとき，ビームの運動エネルギーは

$$
T = \int_0^L \frac{1}{2} \rho A \left(\frac{\partial u}{\partial t} \right)^2 \mathrm{d}x = \int_0^L \frac{1}{2} \rho A \dot{u}^2 \, \mathrm{d}x \tag{9.20}
$$

と表すことができる。ビームの弾性ポテンシャルエネルギーは

$$
U = \int_0^L \frac{1}{2} EA \left(\frac{\partial u}{\partial x} \right)^2 \mathrm{d}x \tag{9.21}
$$

である。ビームの左端 $\mathrm{P}(0)$ は空間に固定され，時刻 t において右端 $\mathrm{P}(L)$ には外力 $f(t)$ が作用すると仮定する。外力による仕事は

$$
W = f(t)\, u(L,t) \tag{9.22}
$$

と表される。左端が空間に固定されているというホロノミック制約は

$$
u(0,t) \equiv 0, \quad \forall t \tag{9.23}
$$

110   9. 有限要素法

である。

区分線形補間式 (9.7) を式 (9.20) に代入し，ビームの運動エネルギーを 7 個のパラメータ $u_0, u_1, \cdots, u_6$ で表そう。ここでは線密度 ρ と断面積 A が定数と仮定する。小区間 $[x_i, x_j]$ における関数 $u(x,t)$ の区分線形補間は

$$u(x,t) = u_i(t) N_{i,j}(x) + u_j(t) N_{j,i}(x) \quad (x_i \leqq x \leqq x_j) \qquad (9.24)$$

と表される。式 (9.14) を時間微分すると

$$\dot{u}(x,t) = \dot{u}_i(t) N_{i,j}(x) + \dot{u}_j(t) N_{j,i}(x) \quad (x_i \leqq x \leqq x_j) \qquad (9.25)$$

を得る。積分区間 $[0, L]$ を小区間に分割すると

$$T = \int_{x_0}^{x_1} \frac{1}{2}\rho A \dot{u}^2 \mathrm{d}x + \int_{x_1}^{x_2} \frac{1}{2}\rho A \dot{u}^2 \mathrm{d}x + \cdots + \int_{x_5}^{x_6} \frac{1}{2}\rho A \dot{u}^2 \mathrm{d}x$$

と表される。右辺の各項に式 (9.25) を代入し，6 章の章末問題【 5 】の結果を用いると

$$\int_{x_i}^{x_j} \frac{1}{2}\rho A \dot{u}^2 \mathrm{d}x = \frac{1}{2}\begin{bmatrix} \dot{u}_i & \dot{u}_j \end{bmatrix} \frac{\rho A h}{6} \begin{bmatrix} 2 & 1 \\ 1 & 2 \end{bmatrix} \begin{bmatrix} \dot{u}_i \\ \dot{u}_j \end{bmatrix}$$

が成り立つことがわかる。したがって

$$\begin{aligned}
T = &\frac{1}{2}\begin{bmatrix} \dot{u}_0 & \dot{u}_1 \end{bmatrix} \frac{\rho A h}{6} \begin{bmatrix} 2 & 1 \\ 1 & 2 \end{bmatrix} \begin{bmatrix} \dot{u}_0 \\ \dot{u}_1 \end{bmatrix} \\
&+ \frac{1}{2}\begin{bmatrix} \dot{u}_1 & \dot{u}_2 \end{bmatrix} \frac{\rho A h}{6} \begin{bmatrix} 2 & 1 \\ 1 & 2 \end{bmatrix} \begin{bmatrix} \dot{u}_1 \\ \dot{u}_2 \end{bmatrix} + \cdots \\
&+ \frac{1}{2}\begin{bmatrix} \dot{u}_5 & \dot{u}_6 \end{bmatrix} \frac{\rho A h}{6} \begin{bmatrix} 2 & 1 \\ 1 & 2 \end{bmatrix} \begin{bmatrix} \dot{u}_5 \\ \dot{u}_6 \end{bmatrix}
\end{aligned}$$

であり，まとめると

$$T = \frac{1}{2}\dot{\boldsymbol{u}}_\mathrm{N}^\mathrm{T} M \dot{\boldsymbol{u}}_\mathrm{N}$$

ただし

$$
\dot{\boldsymbol{u}}_{\mathrm{N}} = \begin{bmatrix} \dot{u}_0 \\ \dot{u}_1 \\ \vdots \\ \dot{u}_5 \\ \dot{u}_6 \end{bmatrix}
$$

$$
M = \frac{\rho A h}{6} \begin{bmatrix} 2 & 1 & & & & \\ 1 & 4 & 1 & & & \\ & \ddots & \ddots & \ddots & & \\ & & 1 & 4 & 1 \\ & & & 1 & 2 \end{bmatrix}
$$

を得る。行列 M を慣性行列と呼ぶ。この行列 M は帯行列である。弾性ポテンシャルエネルギーは式 (9.10) で表される。外力による仕事は式 (9.11) で表される。ここで $\boldsymbol{f} = [0, \cdots, 0, f(t)]^{\mathrm{T}}$ である。また、左端における制約は式 (9.13) のように表される。したがって、ラグランジアン $\mathcal{L}$ は

$$
\begin{aligned}
\mathcal{L}(\boldsymbol{u}_{\mathrm{N}}, \dot{\boldsymbol{u}}_{\mathrm{N}}) &= T - U + W + \lambda R \\
&= \frac{1}{2} \dot{\boldsymbol{u}}_{\mathrm{N}}^{\mathrm{T}} M \dot{\boldsymbol{u}}_{\mathrm{N}} - \frac{1}{2} \boldsymbol{u}_{\mathrm{N}}^{\mathrm{T}} K \boldsymbol{u}_{\mathrm{N}} + \boldsymbol{f}^{\mathrm{T}} \boldsymbol{u}_{\mathrm{N}} + \lambda \boldsymbol{a}^{\mathrm{T}} \boldsymbol{u}_{\mathrm{N}} \quad (9.26)
\end{aligned}
$$

と表される。ここで λ はラグランジュの未定乗数であり、制約力の大きさを表す。ラグランジュの運動方程式は

$$
\frac{\partial \mathcal{L}}{\partial \boldsymbol{u}_{\mathrm{N}}} - \frac{\mathrm{d}}{\mathrm{d}t} \frac{\partial \mathcal{L}}{\partial \dot{\boldsymbol{u}}_{\mathrm{N}}} = -K \boldsymbol{u}_{\mathrm{N}} + \boldsymbol{f} + \lambda \boldsymbol{a} - M \ddot{\boldsymbol{u}}_{\mathrm{N}} = \boldsymbol{0} \quad (9.27)
$$

となる。項 $\lambda \boldsymbol{a}$ は、制約 $\boldsymbol{a}^{\mathrm{T}} \boldsymbol{u}_{\mathrm{N}} = 0$ に起因する制約力に相当する。したがって式 (9.27) は、弾性力 $-K \boldsymbol{u}_{\mathrm{N}}$、外力 $\boldsymbol{f}$、制約力 $\lambda \boldsymbol{a}$ と慣性力 $-M \ddot{\boldsymbol{u}}_{\mathrm{N}}$ が釣り合っていることを意味する。

ビームに課されるホロノミック制約を

$$
R(\boldsymbol{u}_{\mathrm{N}}) \overset{\triangle}{=} \boldsymbol{a}^{\mathrm{T}} \boldsymbol{u}_{\mathrm{N}} = 0
$$

と表す。制約安定化法 $\ddot{R} + 2\alpha \dot{R} + \alpha^2 R = 0$ を適用すると、上式は常微分方程式

$$
\boldsymbol{a}^{\mathrm{T}} \ddot{\boldsymbol{u}}_{\mathrm{N}} + \boldsymbol{a}^{\mathrm{T}} (2\alpha \dot{\boldsymbol{u}}_{\mathrm{N}} + \alpha^2 \boldsymbol{u}_{\mathrm{N}}) = 0
$$

112   9. 有 限 要 素 法

に変換される。ここで α は正の定数である。節点速度ベクトル $\boldsymbol{v}_N = \dot{\boldsymbol{u}}_N$ を導入すると，ラグランジュの運動方程式と制約安定化法による微分方程式は

$$\left.\begin{array}{c} M\dot{\boldsymbol{v}}_N - \boldsymbol{a}\lambda = -K\boldsymbol{u}_N + \boldsymbol{f} \\ -\boldsymbol{a}^{\mathrm{T}}\dot{\boldsymbol{v}}_N = \boldsymbol{a}^{\mathrm{T}}(2\alpha\boldsymbol{v}_N + \alpha^2\boldsymbol{u}_N) \end{array}\right\} \tag{9.28}$$

と表される。まとめると

$$\begin{bmatrix} M & -\boldsymbol{a} \\ -\boldsymbol{a}^{\mathrm{T}} & \end{bmatrix}\begin{bmatrix} \dot{\boldsymbol{v}}_N \\ \lambda \end{bmatrix} = \begin{bmatrix} -K\boldsymbol{u}_N + \boldsymbol{f} \\ \boldsymbol{a}^{\mathrm{T}}(2\alpha\boldsymbol{v}_N + \alpha^2\boldsymbol{u}_N) \end{bmatrix} \tag{9.29}$$

である。

時間微分 $\dot{\boldsymbol{u}}_N$ の値は，$\boldsymbol{v}_N$ の値からただちに得られる。また，式 (9.29) 左辺の係数行列は正則であるので，連立一次方程式 (9.29) を数値的に解いて $\dot{\boldsymbol{v}}_N$ の値を求めることができる。したがって，状態変数 $\boldsymbol{u}_N, \boldsymbol{v}_N$ の値を与えると，それらの時間微分 $\dot{\boldsymbol{u}}_N, \dot{\boldsymbol{v}}_N$ の値を計算できる。この計算過程は，状態変数 $\boldsymbol{u}_N, \boldsymbol{v}_N$ に関する常微分方程式の標準形とみなすことができる。したがって，常微分方程式の数値解法を用いることにより，各時刻における $\boldsymbol{u}_N$ と $\boldsymbol{v}_N$ の値を計算することができる。

9.3 二次元有限要素法

一次元有限要素法と同様の手順により，二次元あるいは三次元の有限要素法を定式化できる。ただし 2 変数あるいは 3 変数の関数を扱う必要があるため，計算が繁雑になる。本節では，二次元平面内の変形における弾性ポテンシャルエネルギーを，有限要素法を用いて定式化する手順の概略を示す。

まず，二次元平面内の物体の変形を表す。自然状態における物体の形状を二次元空間内の領域 S で表す。物体の厚みは一定であると仮定し定数 h で表す。自然状態における物体の形状内の点 P を座標 (x, y) で表す。物体が変形すると点 P に変位が生じる。点 $\mathrm{P}(x, y)$ の変位の x 軸方向成分を $u(x, y)$，y 軸方向成分を $v(x, y)$ で表す。ベクトル $\boldsymbol{u} = [u, v]^{\mathrm{T}}$ を変位ベクトルと呼ぶ。このとき

点 P(x,y) におけるひずみベクトルは

$$\varepsilon = L\boldsymbol{u} \tag{9.30}$$

と表される。ここで

$$L = \begin{bmatrix} \dfrac{\partial}{\partial x} & 0 \\ 0 & \dfrac{\partial}{\partial y} \\ \dfrac{\partial}{\partial y} & \dfrac{\partial}{\partial x} \end{bmatrix}$$

は作用素行列である。物体が等方の場合，弾性行列はラメの定数 λ, μ を用いて

$$D = \begin{bmatrix} \lambda+2\mu & \lambda & 0 \\ \lambda & \lambda+2\mu & 0 \\ 0 & 0 & \mu \end{bmatrix} \tag{9.31}$$

と表され，物体の弾性ポテンシャルエネルギーは

$$U = \int_S \frac{1}{2}\,\varepsilon^{\mathrm{T}}\,D\,\varepsilon\,h\,\mathrm{d}S \tag{9.32}$$

で与えられる。

弾性ポテンシャルエネルギーを有限個のパラメータで表すために，図 **9.3** に示すように領域 S を有限個の三角形の和で近似する。すなわち，物体の弾性ポテンシャルエネルギー U を，各三角形領域における弾性ポテンシャルエネルギーの総和により近似する。領域 $\triangle \mathrm{P}_i\mathrm{P}_j\mathrm{P}_k$ における弾性ポテンシャルエネルギーは

$$U_{i,j,k} = \int_{\triangle \mathrm{P}_i\mathrm{P}_j\mathrm{P}_k} \frac{1}{2}\,\varepsilon^{\mathrm{T}}\,D\,\varepsilon\,h\,\mathrm{d}S \tag{9.33}$$

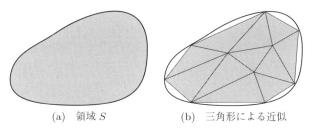

(a) 領域 S (b) 三角形による近似

図 **9.3** 二次元領域の近似

114   9. 有 限 要 素 法

と表される。以下，$\triangle P_i P_j P_k$ を $\triangle$ と略記する。領域 $\triangle$ において 2 変数関数の区分線形補間を用いると，変位は

$$u(x,y) = u_i\,N_{i,j,k}(x,y) + u_j\,N_{j,k,i}(x,y) + u_k\,N_{k,i,j}(x,y)$$

$$v(x,y) = v_i\,N_{i,j,k}(x,y) + v_j\,N_{j,k,i}(x,y) + v_k\,N_{k,i,j}(x,y)$$

と近似できる。ここで，$\boldsymbol{\gamma}_u = [\,u_i,\,u_j,\,u_k\,]^{\mathrm{T}}$ と $\boldsymbol{\gamma}_v = [\,v_i,\,v_j,\,v_k\,]^{\mathrm{T}}$ を導入し，6 章の章末問題【1】の結果を用いると

$$\frac{\partial u}{\partial \xi} = \boldsymbol{a}^{\mathrm{T}}\boldsymbol{\gamma}_u, \quad \frac{\partial u}{\partial \eta} = \boldsymbol{b}^{\mathrm{T}}\boldsymbol{\gamma}_u, \quad \frac{\partial v}{\partial \xi} = \boldsymbol{a}^{\mathrm{T}}\boldsymbol{\gamma}_v, \quad \frac{\partial v}{\partial \eta} = \boldsymbol{b}^{\mathrm{T}}\boldsymbol{\gamma}_v$$

ただし

$$\boldsymbol{a} = \frac{1}{2\triangle}\begin{bmatrix} y_j - y_k \\ y_k - y_i \\ y_i - y_j \end{bmatrix}$$

$$\boldsymbol{b} = \frac{-1}{2\triangle}\begin{bmatrix} x_j - x_k \\ x_k - x_i \\ x_i - x_j \end{bmatrix}$$

を得る。したがって，ひずみベクトルは

$$\boldsymbol{\varepsilon} = \begin{bmatrix} \boldsymbol{a}^{\mathrm{T}}\boldsymbol{\gamma}_u \\ \boldsymbol{b}^{\mathrm{T}}\boldsymbol{\gamma}_v \\ \boldsymbol{b}^{\mathrm{T}}\boldsymbol{\gamma}_u + \boldsymbol{a}^{\mathrm{T}}\boldsymbol{\gamma}_v \end{bmatrix}$$

と表される。上式を式 (9.33) に代入し，計算を進めると

$$\begin{aligned}
U_{i,j,k} = \frac{1}{2}\lambda \begin{bmatrix} \boldsymbol{\gamma}_u^{\mathrm{T}} & \boldsymbol{\gamma}_v^{\mathrm{T}} \end{bmatrix} \begin{bmatrix} H_\lambda^{uu} & H_\lambda^{uv} \\ H_\lambda^{vu} & H_\lambda^{vv} \end{bmatrix} \begin{bmatrix} \boldsymbol{\gamma}_u \\ \boldsymbol{\gamma}_v \end{bmatrix} \\
+ \frac{1}{2}\mu \begin{bmatrix} \boldsymbol{\gamma}_u^{\mathrm{T}} & \boldsymbol{\gamma}_v^{\mathrm{T}} \end{bmatrix} \begin{bmatrix} H_\mu^{uu} & H_\mu^{uv} \\ H_\mu^{vu} & H_\mu^{vv} \end{bmatrix} \begin{bmatrix} \boldsymbol{\gamma}_u \\ \boldsymbol{\gamma}_v \end{bmatrix}
\end{aligned} \tag{9.34}$$

ただし

$$H_\lambda^{uu} = \boldsymbol{a}\boldsymbol{a}^{\mathrm{T}}h\triangle, \quad H_\lambda^{uv} = \boldsymbol{a}\boldsymbol{b}^{\mathrm{T}}h\triangle, \quad H_\lambda^{vu} = \boldsymbol{b}\boldsymbol{a}^{\mathrm{T}}h\triangle, \quad H_\lambda^{vv} = \boldsymbol{b}\boldsymbol{b}^{\mathrm{T}}h\triangle$$

$$H_\mu^{uu} = 2H_\lambda^{uu} + H_\lambda^{vv}, \quad H_\mu^{vv} = 2H_\lambda^{vv} + H_\lambda^{uu}, \quad H_\mu^{uv} = H_\lambda^{vu}, \quad H_\mu^{vu} = H_\lambda^{uv}$$

を得る（本章の章末問題【3】）。

式 (9.34) は，$[\boldsymbol{\gamma}_u^{\mathrm{T}}, \boldsymbol{\gamma}_v^{\mathrm{T}}]^{\mathrm{T}} = [u_i, u_j, u_k, v_i, v_j, v_k]^{\mathrm{T}}$ に関する二次式である。要素の順序を入れ替えて，式 (9.34) を $[\boldsymbol{u}_i^{\mathrm{T}}, \boldsymbol{u}_j^{\mathrm{T}}, \boldsymbol{u}_k^{\mathrm{T}}]^{\mathrm{T}} = [u_i, v_i, u_j, v_j, u_k, v_k]^{\mathrm{T}}$ に関する二次式で表す。そのために，行列

$$H_\lambda^{i,j,k} = \begin{bmatrix} H_\lambda^{uu} & H_\lambda^{uv} \\ H_\lambda^{vu} & H_\lambda^{vv} \end{bmatrix}$$

$$H_\mu^{i,j,k} = \begin{bmatrix} H_\mu^{uu} & H_\mu^{uv} \\ H_\mu^{vu} & H_\mu^{vv} \end{bmatrix}$$

の 1, 4, 2, 5, 3, 6 行が 1, 2, 3, 4, 5, 6 行となるように行を入れ替え，さらに 1, 4, 2, 5, 3, 6 列が 1, 2, 3, 4, 5, 6 列となるように列を入れ替えて得られた行列を，$J_\lambda^{i,j,k}$, $J_\mu^{i,j,k}$ とする。すると

$$U_{i,j,k} = \frac{1}{2} \begin{bmatrix} \boldsymbol{u}_i^{\mathrm{T}} & \boldsymbol{u}_j^{\mathrm{T}} & \boldsymbol{u}_k^{\mathrm{T}} \end{bmatrix} (\lambda J_\lambda^{i,j,k} + \mu J_\mu^{i,j,k}) \begin{bmatrix} \boldsymbol{u}_i \\ \boldsymbol{u}_j \\ \boldsymbol{u}_k \end{bmatrix} \quad (9.35)$$

を得る。行列 $J_\lambda^{i,j,k}, J_\mu^{i,j,k}$ を部分接続行列と呼ぶ。部分接続行列は，頂点 P_i, P_j, P_k の座標を用いて求められる。

各小領域の部分接続行列から領域全体の接続行列 J_λ, J_μ を計算する過程を例を用いて述べる。

例 1 図 **9.4**(a) に示す三角形 △ABC の部分接続行列を計算する。ベクトル $\boldsymbol{a}, \boldsymbol{b}$ を計算すると，$\boldsymbol{a} = [-1, 1, 0]^{\mathrm{T}}, \boldsymbol{b} = [-1, 0, 1]^{\mathrm{T}}$ となる。ここで $h = 2$ とすると

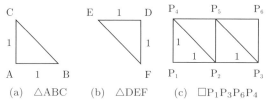

(a) △ABC　　(b) △DEF　　(c) □P₁P₃P₆P₄

図 **9.4**　長方形領域のメッシュ分割

$$
H_\lambda^{\mathrm{A,B,C}} = \left[\begin{array}{ccc|ccc}
1 & -1 & 0 & 1 & 0 & -1 \\
-1 & 1 & 0 & -1 & 0 & 1 \\
0 & 0 & 0 & 0 & 0 & 0 \\
\hline
1 & -1 & 0 & 1 & 0 & -1 \\
0 & 0 & 0 & 0 & 0 & 0 \\
-1 & 1 & 0 & -1 & 0 & 1
\end{array}\right]
$$

$$
H_\mu^{\mathrm{A,B,C}} = \left[\begin{array}{ccc|ccc}
3 & -2 & -1 & 1 & -1 & 0 \\
-2 & 2 & 0 & 0 & 0 & 0 \\
-1 & 0 & 1 & -1 & 1 & 0 \\
\hline
1 & 0 & -1 & 3 & -1 & -2 \\
-1 & 0 & 1 & -1 & 1 & 0 \\
0 & 0 & 0 & -2 & 0 & 2
\end{array}\right]
$$

行の入れ替えと列の入れ替えを実行すると，つぎの部分接続行列を得る。

$$
J_\lambda^{\mathrm{A,B,C}} = \left[\begin{array}{cc|cc|cc}
1 & 1 & -1 & 0 & 0 & -1 \\
1 & 1 & -1 & 0 & 0 & -1 \\
-1 & -1 & 1 & 0 & 0 & 1 \\
0 & 0 & 0 & 0 & 0 & 0 \\
\hline
0 & 0 & 0 & 0 & 0 & 0 \\
-1 & -1 & 1 & 0 & 0 & 1
\end{array}\right]
$$

$$
J_\mu^{\mathrm{A,B,C}} = \left[\begin{array}{cc|cc|cc}
3 & 1 & -2 & -1 & -1 & 0 \\
1 & 3 & 0 & -1 & -1 & -2 \\
-2 & 0 & 2 & 0 & 0 & 0 \\
-1 & -1 & 0 & 1 & 1 & 0 \\
\hline
-1 & -1 & 0 & 1 & 1 & 0 \\
0 & -2 & 0 & 0 & 0 & 2
\end{array}\right]
$$

例 2 図 9.4(b) に示す三角形 △DEF の部分接続行列を計算する。ベクトル a, b を計算すると，$a = [-1, 1, 0]^{\mathrm{T}}$, $b = [-1, 0, 1]^{\mathrm{T}}$ となり，例 1 と同じである。ここで $h = 2$ とすると，例 1 と同じ部分接続行列を

9.3 二次元有限要素法 **117**

得る。

例3 三角形 △ABC の部分接続行列の左上の 2×2 行列を (A,A) ブロック，中央上の 2×2 行列を (A,B) ブロック，右上の 2×2 行列を (A,C) ブロックとする。同様にして，(B,A) ブロックから (C,C) ブロックを定める。図 9.4(c) に示す長方形 □P₁P₃P₆P₄ の接続行列 J_λ, J_μ を計算する。長方形は 6 個の頂点からなるので，接続行列は 12 次の正方行列である。左上の 2×2 行列を (1,1) ブロック，その右の 2×2 行列を (1,2) ブロックとする。同様にして，(1,3) ブロックから (6,6) ブロックまでを定める。ここで $h = 2$ とする。

三角形 △P₁P₂P₄ の部分接続行列は $J_\lambda^{\mathrm{A,B,C}}, J_\mu^{\mathrm{A,B,C}}$ に一致する。頂点 A, B, C が P₁, P₂, P₄ に対応するので

行列 $J_\lambda^{\mathrm{A,B,C}}$ の (A,A) ブロックは行列 J_λ の $(1,1)$ ブロック

行列 $J_\lambda^{\mathrm{A,B,C}}$ の (A,B) ブロックは行列 J_λ の $(1,2)$ ブロック

行列 $J_\lambda^{\mathrm{A,B,C}}$ の (A,C) ブロックは行列 J_λ の $(1,4)$ ブロック

$$\vdots$$

行列 $J_\lambda^{\mathrm{A,B,C}}$ の (C,C) ブロックは行列 J_λ の $(4,4)$ ブロック

に対応する。同様に，$J_\mu^{\mathrm{A,B,C}}$ の各ブロックが J_μ のどのブロックに対応するかを求めることができる。三角形 △P₅P₄P₂ の部分接続行列は $J_\lambda^{\mathrm{A,B,C}}, J_\mu^{\mathrm{A,B,C}}$ に一致する。頂点 A, B, C が P₅, P₄, P₂ に対応するので

行列 $J_\lambda^{\mathrm{A,B,C}}$ の (A,A) ブロックは行列 J_λ の $(5,5)$ ブロック

行列 $J_\lambda^{\mathrm{A,B,C}}$ の (A,B) ブロックは行列 J_λ の $(5,4)$ ブロック

行列 $J_\lambda^{\mathrm{A,B,C}}$ の (A,C) ブロックは行列 J_λ の $(4,2)$ ブロック

$$\vdots$$

行列 $J_\lambda^{\mathrm{A,B,C}}$ の (C,C) ブロックは行列 J_λ の $(2,2)$ ブロック

に対応する。同様に，$J_\mu^{\mathrm{A,B,C}}$ の各ブロックが J_μ のどのブロックに対応するかを求めることができる。

各ブロックに対応している行列の総和を計算することにより接続行

118 9. 有 限 要 素 法

列 J_λ, J_μ を求める。最終的には

$$
J_\lambda =
\left[
\begin{array}{cc|cc|cc|cc|cc|cc}
1 & 1 & -1 & 0 & & & 0 & -1 & & & & \\
1 & 1 & -1 & 0 & & & 0 & -1 & & & & \\
\hline
-1 & -1 & 2 & 1 & -1 & 0 & 0 & 1 & 0 & -1 & & \\
0 & 0 & 1 & 2 & -1 & 0 & 1 & 0 & -1 & -2 & & \\
\hline
& & -1 & -1 & 1 & 0 & & & 0 & 1 & 0 & 0 \\
& & 0 & 0 & 0 & 1 & & & 1 & 0 & -1 & -1 \\
\hline
0 & 0 & 0 & 1 & & & 1 & 0 & -1 & -1 & & \\
-1 & -1 & 1 & 0 & & & 0 & 1 & 0 & 0 & & \\
\hline
& & 0 & -1 & 0 & 1 & -1 & 0 & 2 & 1 & -1 & -1 \\
& & -1 & -2 & 1 & 0 & -1 & 0 & 1 & 2 & 0 & 0 \\
\hline
& & & & 0 & -1 & & & -1 & 0 & 1 & 1 \\
& & & & 0 & -1 & & & -1 & 0 & 1 & 1 \\
\end{array}
\right]
$$

$$
J_\mu =
\left[
\begin{array}{cc|cc|cc|cc|cc|cc}
3 & 1 & -2 & -1 & & & -1 & 0 & & & & \\
1 & 3 & 0 & -1 & & & -1 & -2 & & & & \\
\hline
-2 & 0 & 6 & 1 & -2 & -1 & 0 & 1 & -2 & -1 & & \\
-1 & -1 & 1 & 6 & 0 & -1 & 1 & 0 & -1 & -4 & & \\
\hline
& & -2 & 0 & 3 & 0 & & & 0 & 1 & -1 & -1 \\
& & -1 & -1 & 0 & 3 & & & 1 & 0 & 0 & -2 \\
\hline
-1 & -1 & 0 & 1 & & & 3 & 0 & -2 & 0 & & \\
0 & -2 & 1 & 0 & & & 0 & 3 & -1 & -1 & & \\
\hline
& & -2 & -1 & 0 & 1 & -2 & -1 & 6 & 1 & -2 & 0 \\
& & -1 & -4 & 1 & 0 & 0 & -1 & 1 & 6 & -1 & -1 \\
\hline
& & & & -1 & 0 & & & -2 & -1 & 3 & 1 \\
& & & & -1 & -2 & & & 0 & -1 & 1 & 3 \\
\end{array}
\right]
$$

を得る。剛性行列は $K = \lambda J_\lambda + \mu J_\mu$ により計算できる。また, 接続行列 J_λ, J_μ ならびに剛性行列 K は, 多くの要素が 0 である。このような行列を**疎行列**（sparse matrix）と呼ぶ。

9.3 二次元有限要素法

図 **9.5** に示すように，□$P_1P_3P_6P_4$ の辺 P_3P_6 に一様な圧力 $\boldsymbol{p} = [p_x, p_y]^T$ が作用しているとする。この圧力の印加は，P_3P_6 の中点に外力 $\boldsymbol{p} \cdot P_3P_6 \cdot h$ が作用することに等しい。中点の変位は，$(\boldsymbol{u}_3 + \boldsymbol{u}_6)/2$ で与えられるので，圧力 $\boldsymbol{p}$ がなした仕事は

$$W = (\boldsymbol{p} \cdot P_3P_6 \cdot h)^T \left(\frac{\boldsymbol{u}_3 + \boldsymbol{u}_6}{2} \right) = \boldsymbol{f}^T \boldsymbol{u}_N$$

と表される。ここで

$$\boldsymbol{f}^T = \left[\begin{array}{cc|cc|cc|cc|cc|cc} 0 & 0 & 0 & 0 & \dfrac{p_x}{2} & \dfrac{p_y}{2} & 0 & 0 & 0 & 0 & \dfrac{p_x}{2} & \dfrac{p_y}{2} \end{array} \right]$$

である。

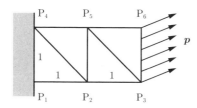

図 **9.5** 圧力が作用する長方形領域

また，辺 P_1P_4 が空間に固定されていることを表す制約式 $u_1 = 0$，$v_1 = 0$，$u_4 = 0$，$v_4 = 0$ は，まとめて

$$A^T \boldsymbol{u}_N = \boldsymbol{0}_4$$

と表される。ここで

$$A^T = \left[\begin{array}{cc|cc|cc|cc|cc|cc} 1 & 0 & 0 & 0 & 0 & 0 & 0 & 0 & 0 & 0 & 0 & 0 \\ 0 & 1 & 0 & 0 & 0 & 0 & 0 & 0 & 0 & 0 & 0 & 0 \\ 0 & 0 & 0 & 0 & 0 & 0 & 1 & 0 & 0 & 0 & 0 & 0 \\ 0 & 0 & 0 & 0 & 0 & 0 & 0 & 1 & 0 & 0 & 0 & 0 \end{array} \right]$$

である。静力学の変分原理に基づき，9.1 節と同様に計算すると，平衡式

$$\left[\begin{array}{c|c} K & -A \\ \hline -A^T & 0_{4 \times 4} \end{array} \right] \left[\begin{array}{c} \boldsymbol{u}_N \\ \hline \boldsymbol{\lambda} \end{array} \right] = \left[\begin{array}{c} \boldsymbol{f} \\ \hline \boldsymbol{0}_4 \end{array} \right] \tag{9.36}$$

を得る。連立一次方程式 (9.36) は式 (9.18) と同じ形式であり，これを解くことにより $\boldsymbol{u}_N$ の値を計算することができる。なお，$\boldsymbol{\lambda} = [\lambda_{1,x}, \lambda_{1,y}, \lambda_{4,x}, \lambda_{4,y}]^T$ の成分は，点 P_1, P_4 に作用する制約力の x, y 成分を意味する。

120   9. 有 限 要 素 法

(9.4) 動的な二次元変形

本節では，二次元平面内の動的な変形を定式化する。2 変数関数の区分線形補間を用いて，$\triangle \mathrm{P}_i \mathrm{P}_j \mathrm{P}_k$ における変位ベクトルを表す。

$$\boldsymbol{u}(x,y,t) = \boldsymbol{u}_i(t)N_{i,j,k}(x,y) + \boldsymbol{u}_j(t)N_{j,k,i}(x,y) + \boldsymbol{u}_k(t)N_{k,i,j}(x,y)$$

すなわち，時間 t とともに変化する変位ベクトル $\boldsymbol{u}_i, \boldsymbol{u}_j, \boldsymbol{u}_k$ により，動的な変形を表現する。このとき，変位ベクトルの時間微分は

$$\dot{\boldsymbol{u}} = \dot{\boldsymbol{u}}_i N_{i,j,k} + \dot{\boldsymbol{u}}_j N_{j,k,i} + \dot{\boldsymbol{u}}_k N_{k,i,j} \tag{9.37}$$

で与えられる。

領域 $\triangle \mathrm{P}_i \mathrm{P}_j \mathrm{P}_k$ における運動エネルギーは

$$T_{i,j,k} = \int_{\triangle \mathrm{P}_i \mathrm{P}_j \mathrm{P}_k} \frac{1}{2}\rho\, \dot{\boldsymbol{u}}^{\mathrm{T}} \dot{\boldsymbol{u}}\, h\, \mathrm{d}S \tag{9.38}$$

と表される。ここで ρ は密度を表す。密度 ρ は一定であると仮定する。式 (9.38) に式 (9.37) を代入し，6 章の章末問題【**6**】の結果を用いると

$$T_{i,j,k} = \frac{1}{2}\left[\begin{array}{ccc} \boldsymbol{u}_i & \boldsymbol{u}_j & \boldsymbol{u}_k \end{array}\right] M_{i,j,k} \left[\begin{array}{c} \dot{\boldsymbol{u}}_i \\ \dot{\boldsymbol{u}}_j \\ \dot{\boldsymbol{u}}_k \end{array}\right] \tag{9.39}$$

ただし

$$M_{i,j,k} = \rho h \frac{\triangle}{12} \left[\begin{array}{ccc} 2I & I & I \\ I & 2I & I \\ I & I & 2I \end{array}\right]$$

を得る。ここで I は 2 次の単位行列である。すべての小領域における運動エネルギーを足し合わせることにより，系全体の運動エネルギーを得る。

$$T = \frac{1}{2}\dot{\boldsymbol{u}}_{\mathrm{N}}^{\mathrm{T}} M \dot{\boldsymbol{u}}_{\mathrm{N}} \tag{9.40}$$

行列 M を慣性行列と呼ぶ。9.3 節の例 3 における剛性行列の計算と同様の過程により，慣性行列を求めることができる。例えば，図 9.4(c) に示す $\square \mathrm{P}_1 \mathrm{P}_3 \mathrm{P}_6 \mathrm{P}_4$

においては

$$
M = \frac{\rho h}{24}
\begin{bmatrix}
2I & I & & I & & \\
I & 6I & I & 2I & 2I & \\
 & I & 4I & & 2I & I \\
I & 2I & & 4I & I & \\
 & 2I & 2I & I & 6I & I \\
 & & I & & I & 2I
\end{bmatrix}
$$

である。慣性行列 M は疎行列である。

運動エネルギー T，ポテンシャルエネルギー U，仕事 W ならびに幾何制約が求められたので，ラグランジュの運動方程式を導くことができる。図 9.5 に示す例においては

$$
-M\ddot{\boldsymbol{u}}_{\mathrm{N}} - K\boldsymbol{u}_{\mathrm{N}} + \boldsymbol{f} + A\boldsymbol{\lambda} = \boldsymbol{0} \tag{9.41}
$$

である。式 (9.41) と制約安定化法による常微分方程式

$$
A^{\mathrm{T}}\ddot{\boldsymbol{u}}_{\mathrm{N}} + A^{\mathrm{T}}(2\alpha\dot{\boldsymbol{u}}_{\mathrm{N}} + \alpha^2\boldsymbol{u}_{\mathrm{N}}) = \boldsymbol{0} \tag{9.42}
$$

をまとめ，$\boldsymbol{v}_{\mathrm{N}} = \dot{\boldsymbol{u}}_{\mathrm{N}}$ を導入すると

$$
\begin{bmatrix} M & -A \\ -A^{\mathrm{T}} & \end{bmatrix}
\begin{bmatrix} \dot{\boldsymbol{v}}_{\mathrm{N}} \\ \boldsymbol{\lambda} \end{bmatrix}
=
\begin{bmatrix} -K\boldsymbol{u}_{\mathrm{N}} + \boldsymbol{f} \\ A^{\mathrm{T}}(2\alpha\boldsymbol{v}_{\mathrm{N}} + \alpha^2\boldsymbol{u}_{\mathrm{N}}) \end{bmatrix} \tag{9.43}
$$

を得る。式 (9.43) 左辺の係数行列は正則であるので，連立一次方程式 (9.43) を数値的に解くことにより $\dot{\boldsymbol{v}}_{\mathrm{N}}$ の値を計算することができる。したがって，$\dot{\boldsymbol{u}}_{\mathrm{N}} = \boldsymbol{v}_{\mathrm{N}}$ と $\dot{\boldsymbol{v}}_{\mathrm{N}}$ の計算過程を合わせて常微分方程式の標準形を構成し，常微分方程式の数値解法を用いることで，動的な変形を計算することができる。

9.5 非 弾 性 変 形

材料の特性は，応力とひずみの関係を表す弾性要素（図 9.6(a)）ならびに応力とひずみ速度の関係を表す粘性要素（図 (b)）の組合せで表される。弾性要素と粘性要素を並列に接続したモデルをフォークトモデル（図 (c)），弾性要素と

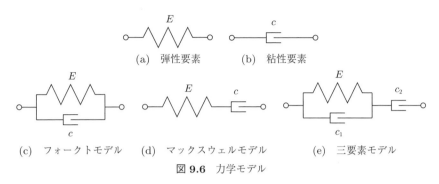

図 **9.6** 力学モデル

粘性要素を直列に接続したモデルをマックスウェルモデル（図 (d)），フォークトモデルと粘性要素を直列に接続したモデルを三要素モデル（図 (e)）と呼ぶ。弾性要素，粘性要素がすべて線形であるとき，各力学要素の応力 σ とひずみ ε の関係は，つぎのように表される。

弾性要素 $\qquad \sigma = E\varepsilon$

粘性要素 $\qquad \sigma = c\dot{\varepsilon}$

フォークトモデル $\qquad \sigma = E\varepsilon + c\dot{\varepsilon}$

マックスウェルモデル $\qquad \sigma = -\dfrac{E}{c}\varepsilon + E\dot{\varepsilon}$

三要素モデル $\qquad \sigma = -\dfrac{E}{c_1+c_2}\varepsilon + \dfrac{Ec_2}{c_1+c_2}\dot{\varepsilon} + \dfrac{c_1 c_2}{c_1+c_2}\ddot{\varepsilon}$

材料の特性がこのようなモデルで表されるとき，物体の変形を計算するための有限要素モデルを求めよう。

9.3 節で示したように，節点における弾性力は $-(\lambda J_\lambda + \mu J_\mu)\boldsymbol{u}_\mathrm{N}$ で与えられる。すなわち，一つのスカラー量 E を二つのパラメータ λ, μ を含む行列 $\lambda J_\lambda + \mu J_\mu$ に対応させ，ひずみ ε を節点変位ベクトル $\boldsymbol{u}_\mathrm{N}$ に対応させればよい。行列 J_λ, J_μ は，等方性に起因する。また，パラメータ λ, μ は，ヤング率 E とポアソン比 ν を用いて

$$\lambda = \dfrac{\nu E}{(1+\nu)(1-2\nu)}$$

$$\mu = \dfrac{E}{2(1+\nu)}$$

と表される。また，ひずみの時間微分 $\dot{\varepsilon}$ を節点変位ベクトルの時間微分 $\dot{\boldsymbol{u}}_\mathrm{N}$ に

9.5 非弾性変形 123

対応させることにより，節点における粘性力 $-(\lambda^v J_\lambda + \mu^v J_\mu)\dot{\boldsymbol{u}}_\mathrm{N}$ を得る。このとき，パラメータ λ^v, μ^v は，粘性率 c とポアソン比 ν を用いて

$$\lambda^v = \frac{\nu c}{(1+\nu)(1-2\nu)}$$

$$\mu^v = \frac{c}{2(1+\nu)}$$

と表される。フォークトモデルによる節点力は，弾性要素による力と粘性要素による力の和である。

フォークトモデルによる節点力は

$$-\boldsymbol{f}_\lambda - \boldsymbol{f}_\mu$$

ただし

$$\boldsymbol{f}_\lambda = \lambda J_\lambda \boldsymbol{u}_\mathrm{N} + \lambda^v J_\lambda \dot{\boldsymbol{u}}_\mathrm{N}$$

$$\boldsymbol{f}_\mu = \mu J_\mu \boldsymbol{u}_\mathrm{N} + \mu^v J_\mu \dot{\boldsymbol{u}}_\mathrm{N}$$

と書くことができる。このとき，フォークトモデルにおける応力とひずみの関係式 $\sigma = E\varepsilon + c\dot\varepsilon$ において，σ を $\boldsymbol{f}_\lambda$，E を λ，c を λ^v，ε を $J_\lambda \boldsymbol{u}_\mathrm{N}$ で置き換えることで $\boldsymbol{f}_\lambda$ に関する式を，σ を $\boldsymbol{f}_\mu$，E を μ，c を μ^v，ε を $J_\mu \boldsymbol{u}_\mathrm{N}$ で置き換えることで $\boldsymbol{f}_\mu$ に関する式を得る。このような置換えをマックスウェルモデルや三要素モデルに適用する。マックスウェルモデルによる節点力は，$-\boldsymbol{f}_\lambda - \boldsymbol{f}_\mu$ で与えられ，$\boldsymbol{f}_\lambda, \boldsymbol{f}_\mu$ は

$$\dot{\boldsymbol{f}}_\lambda = -\frac{\lambda}{\lambda^v}\boldsymbol{f}_\lambda + \lambda J_\lambda \dot{\boldsymbol{u}}_\mathrm{N}$$

$$\dot{\boldsymbol{f}}_\mu = -\frac{\mu}{\mu^v}\boldsymbol{f}_\mu + \mu J_\mu \dot{\boldsymbol{u}}_\mathrm{N}$$

を満たす。三要素モデルに関しても，同様の置換えが可能である。

けっきょく，各力学要素によって生成される節点力は，つぎのようにまとめられる。

弾性要素 $\quad -(\lambda J_\lambda + \mu J_\mu)\boldsymbol{u}_\mathrm{N}$

粘性要素 $\quad -(\lambda^v J_\lambda + \mu^v J_\mu)\dot{\boldsymbol{u}}_\mathrm{N}$

フォークトモデル $-(\lambda J_\lambda + \mu J_\mu)\boldsymbol{u}_N - (\lambda^v J_\lambda + \mu^v J_\mu)\dot{\boldsymbol{u}}_N$

マックスウェルモデル $-\boldsymbol{f}_\lambda - \boldsymbol{f}_\mu$

$$\left(\begin{aligned} \dot{\boldsymbol{f}}_\lambda &= -\frac{\lambda}{\lambda^v}\boldsymbol{f}_\lambda + \lambda J_\lambda \dot{\boldsymbol{u}}_N \\ \dot{\boldsymbol{f}}_\mu &= -\frac{\mu}{\mu^v}\boldsymbol{f}_\mu + \mu J_\mu \dot{\boldsymbol{u}}_N \end{aligned} \right)$$

三要素モデル $-\boldsymbol{f}_\lambda - \boldsymbol{f}_\mu$

$$\left(\begin{aligned} \dot{\boldsymbol{f}}_\lambda &= -\frac{\lambda}{\lambda_1^v + \lambda_2^v}\boldsymbol{f}_\lambda + \frac{\lambda \lambda_2^v}{\lambda_1^v + \lambda_2^v} J_\lambda \dot{\boldsymbol{u}}_N + \frac{\lambda_1^v \lambda_2^v}{\lambda_1^v + \lambda_2^v} J_\lambda \ddot{\boldsymbol{u}}_N \\ \dot{\boldsymbol{f}}_\mu &= -\frac{\mu}{\mu_1^v + \mu_2^v}\boldsymbol{f}_\mu + \frac{\mu \mu_2^v}{\mu_1^v + \mu_2^v} J_\mu \dot{\boldsymbol{u}}_N + \frac{\mu_1^v \mu_2^v}{\mu_1^v + \mu_2^v} J_\mu \ddot{\boldsymbol{u}}_N \end{aligned} \right)$$

変形の計算においては，式 (9.43) 内の弾性力 $-K\boldsymbol{u}_N$ を力学要素によって生成される節点力に置き換え，必要ならば $\boldsymbol{f}_\lambda, \boldsymbol{f}_\mu$ に関する常微分方程式を追加すればよい。例えば，材料の特性がフォークトモデルにより表されるときは

$$\begin{bmatrix} M & -A \\ -A^T & \end{bmatrix} \begin{bmatrix} \dot{\boldsymbol{v}}_N \\ \boldsymbol{\lambda} \end{bmatrix} = \begin{bmatrix} -K\boldsymbol{u}_N - B\boldsymbol{v}_N + \boldsymbol{f} \\ A^T(2\alpha\boldsymbol{v}_N + \alpha^2\boldsymbol{u}_N) \end{bmatrix} \tag{9.44}$$

を数値的に解く。ここで $B = \lambda^v J_\lambda + \mu^v J_\mu$ である。マックスウェルモデルにより表されるときは

コーヒーブレイク

　本書で紹介しているルンゲ・クッタ・フェールベルグ法，制約安定化法，ネルダー・ミード法，乗数法などは，コンピュータが発達した 20 世紀後半に確立した数値計算アルゴリズムである。このような数値計算アルゴリズムの中で工学の広い分野に大きな影響を与えたアルゴリズムは，本章で紹介した有限要素法であろう。有限要素法は，空間に分布する量（変形，電磁場，熱，流体，音場など）を対象とする工学の幅広い分野（機械力学，熱力学，流体力学，建築・土木工学，電気電子工学，音響工学など）で使われている。近年は，生体工学における皮膚の変形や血液の流れのシミュレーション，変わったところでは野球における変化球の解析や食品生地の成形シミュレーションなどに使われている。有限要素法は，一つの数値計算アルゴリズムという枠を越えて，計算工学における一つの体系となっている。

$$
\begin{bmatrix} M & -A \\ -A^{\mathrm{T}} & \end{bmatrix} \begin{bmatrix} \dot{\boldsymbol{v}}_{\mathrm{N}} \\ \boldsymbol{\lambda} \end{bmatrix} = \begin{bmatrix} -\boldsymbol{f}_\lambda - \boldsymbol{f}_\mu \\ A^{\mathrm{T}}(2\alpha \boldsymbol{v}_{\mathrm{N}} + \alpha^2 \boldsymbol{u}_{\mathrm{N}}) \end{bmatrix} \tag{9.45}
$$

$$
\left(\begin{aligned}
\dot{\boldsymbol{f}}_\lambda &= -\frac{\lambda}{\lambda^v} \boldsymbol{f}_\lambda + \lambda J_\lambda \boldsymbol{v}_{\mathrm{N}} \\
\dot{\boldsymbol{f}}_\mu &= -\frac{\mu}{\mu^v} \boldsymbol{f}_\mu + \mu J_\mu \boldsymbol{v}_{\mathrm{N}}
\end{aligned} \right)
$$

を解く。三要素モデルにより表されるときは

$$
\begin{bmatrix} M & -A \\ -A^{\mathrm{T}} & \end{bmatrix} \begin{bmatrix} \dot{\boldsymbol{v}}_{\mathrm{N}} \\ \boldsymbol{\lambda} \end{bmatrix} = \begin{bmatrix} -\boldsymbol{f}_\lambda - \boldsymbol{f}_\mu \\ A^{\mathrm{T}}(2\alpha \boldsymbol{v}_{\mathrm{N}} + \alpha^2 \boldsymbol{u}_{\mathrm{N}}) \end{bmatrix} \tag{9.46}
$$

$$
\left(\begin{aligned}
\dot{\boldsymbol{f}}_\lambda &= -\frac{\lambda}{\lambda_1^v + \lambda_2^v} \boldsymbol{f}_\lambda + \frac{\lambda \lambda_2^v}{\lambda_1^v + \lambda_2^v} J_\lambda \boldsymbol{v}_{\mathrm{N}} + \frac{\lambda_1^v \lambda_2^v}{\lambda_1^v + \lambda_2^v} J_\lambda \dot{\boldsymbol{v}}_{\mathrm{N}} \\
\dot{\boldsymbol{f}}_\mu &= -\frac{\mu}{\mu_1^v + \mu_2^v} \boldsymbol{f}_\mu + \frac{\mu \mu_2^v}{\mu_1^v + \mu_2^v} J_\mu \boldsymbol{v}_{\mathrm{N}} + \frac{\mu_1^v \mu_2^v}{\mu_1^v + \mu_2^v} J_\mu \dot{\boldsymbol{v}}_{\mathrm{N}}
\end{aligned} \right)
$$

となる。このとき，最初の方程式を解いて $\dot{\boldsymbol{v}}_{\mathrm{N}}$ の値を求め，その値を用いて $\dot{\boldsymbol{f}}_\lambda, \dot{\boldsymbol{f}}_\mu$ の値を計算する。

章 末 問 題

【1】 重力によるビームの変形を定式化する。鉛直下向きに x 軸をとる。ビームの上端 P(0) は天井に固定されており，下端 P(L) は自由である。点 P(x) における密度を $\rho(x)$ で表すと，ビームの重力ポテンシャルエネルギーは

$$
U_{\mathrm{grav}} = -\int_0^L \rho A g\, u(x)\, \mathrm{d}x
$$

である。密度 ρ と断面積 A は定数であると仮定する。区間 $[0,\, L]$ を n 等分し，$h = L/n$ とおく。小区間 $[x_i,\, x_j]$ における重力ポテンシャルエネルギーを求めよ。各小区間における重力ポテンシャルエネルギーを足し合わせ，系全体の重力ポテンシャルエネルギーを求めよ。さらに，ビームの弾性変形を求める式を導け。

【2】 (1) $x_i, y_i, x_j, y_j, x_k, y_k$ ならびに h を入力とし，部分接続行列 $J_\lambda^{i,j,k}, J_\mu^{i,j,k}$ を計算するプログラムを書け。

(2) 接続行列 J_λ, J_μ を計算するプログラムを書け。各節点の座標と各三角形を構成する節点の番号を，配列で与える。例えば，図 9.4(c) に示す例では

$$\begin{bmatrix} 0.00 & 0.00 \\ 1.00 & 0.00 \\ 2.00 & 0.00 \\ 0.00 & 1.00 \\ 1.00 & 1.00 \\ 2.00 & 1.00 \end{bmatrix}, \begin{bmatrix} 1 & 2 & 4 \\ 5 & 4 & 2 \\ 2 & 3 & 5 \\ 6 & 5 & 3 \end{bmatrix}$$

である。この配列と h をプログラムの入力とする。

【3】 式 (9.34) を示せ。

【4】 (1) 式 (9.9) で与えられる剛性行列 K の零空間に，ベクトル $\boldsymbol{e}=[1, 1, \cdots, 1]^\mathrm{T}$ が含まれる。このベクトルの幾何学的な意味を述べよ。

(2) 図 9.4(c) の □$\mathrm{P}_1\mathrm{P}_3\mathrm{P}_6\mathrm{P}_4$ に対して求めた剛性行列 $K = \lambda J_\lambda + \mu J_\mu$ の零空間に，ベクトル

$$\begin{aligned} \boldsymbol{e}_x &= [1, 0, 1, 0, 1, 0, 1, 0, 1, 0, 1, 0]^\mathrm{T} \\ \boldsymbol{e}_y &= [0, 1, 0, 1, 0, 1, 0, 1, 0, 1, 0, 1]^\mathrm{T} \\ \boldsymbol{e}_\theta &= [1/2, -1, 1/2, 0, 1/2, 1, -1/2, -1, -1/2, 0, -1/2, 1]^\mathrm{T} \end{aligned}$$

が含まれることを示すとともに，各ベクトルの幾何学的な意味を述べよ。

【5】 問図 9.1 に示す正方形物体の動的な変形をシミュレーションする。稜線 $\mathrm{P}_1\mathrm{P}_4$ は，床面に固定されている。稜線 $\mathrm{P}_{14}\mathrm{P}_{15}$ を，時間区間 $[0, t_p]$ において一定速度 $-v_p$ で下方に押し下げ，時間 t_h の間そこで保持し，直後に保持を解放する。このときの変形を計算せよ。

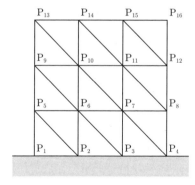

問図 **9.1** 正方形物体

【6】 7 章の章末問題【4】において，関数 $\theta(s)$ $(0 \leq s \leq L)$ を区分線形近似し，有限要素法により紙の形状を計算せよ。

章　末　問　題　　127

【7】 以下の手順に従って，積分表現式 (9.6) から微分方程式 (9.1) を導こう。

(1) 弾性ポテンシャルエネルギーは関数 $u(x)$ によって決まる量なので

$$U(u) = \int_0^L \frac{1}{2} EA \left(\frac{du}{dx} \right)^2 dx$$

と表す。関数 $u(x)$ に微小なずれ $\delta u(x)$ を与える。ただし，幾何学的な制約 $u(0) = 0$ を破らないようにするため $\delta u(0) = 0$ と仮定する。このとき

$$U(u + \delta u) = \int_0^L \frac{1}{2} EA \left(\frac{du}{dx} + \frac{d\delta u}{dx} \right)^2 dx$$

と $U(u)$ との差が

$$\delta U = E(L)A(L)\frac{du}{dx}(L)\,\delta u(L) - \int_0^L \frac{d}{dx}\left(EA\frac{du}{dx}\right)\delta u\,dx$$

で表されることを示せ。

(2) 外力による仕事を $W(u) = f\,u(L)$ と書く。このとき

$$\delta W \triangleq W(u + \delta u) - W(u) = f\,\delta u(L)$$

と表されることを示せ。

(3) 内部エネルギー I の増分 $\delta I \triangleq \delta U - \delta W$ が

$$\delta I = -\int_0^L \frac{d}{dx}\left(EA\frac{du}{dx}\right)\delta u\,dx$$
$$+ \left\{ E(L)A(L)\frac{du}{dx}(L) - f \right\} \delta u(L)$$

で与えられることを示せ。

積分表現式 (9.6) が最小であるためには，任意の $\delta u(x)$ に対して $\delta I = 0$ が成り立つ必要がある。上式より任意の $\delta u(x)$ に対して $\delta I = 0$ が成り立つためには

$$\frac{d}{dx}\left(EA\frac{du}{dx}\right) = 0$$

$$E(L)A(L)\frac{du}{dx}(L) - f = 0$$

が必要であることがわかる。

以上のように積分表現式 (9.6) から微分方程式 (9.1) と境界条件式 (9.3) を導くことができる。このような計算を変分（variation）と呼ぶ。

【8】 次式で定義される $E_{xx}, E_{yy}, 2E_{xy}$ をグリーンひずみ（Green strain）と呼ぶ。

$$E_{xx} = u_x + \frac{1}{2}(u_x^2 + v_x^2)$$

$$E_{yy} = v_y + \frac{1}{2}(u_y^2 + v_y^2)$$

$$2E_{xy} = u_y + v_x + u_x u_y + v_x v_y$$

物体に回転のみが生じるとき，$E_{xx} = 0$，$E_{yy} = 0$，$2E_{xy} = 0$ となることを示せ。

式 (9.30) で定義されるひずみを**コーシーひずみ**（Cauchy strain）と呼ぶ。物体に回転のみが生じるときでも **0** とはならない。したがって，回転が大きい場合は，コーシーひずみではなくグリーンひずみを用いる。このとき，弾性ポテンシャルエネルギーの計算では，コーシーひずみ $\boldsymbol{\varepsilon} = [\,\varepsilon_{xx},\, \varepsilon_{yy},\, 2\varepsilon_{xy}\,]^{\mathrm{T}}$ を，グリーンひずみ $\boldsymbol{E} = [\,E_{xx},\, E_{yy},\, 2E_{xy}\,]^{\mathrm{T}}$ に置き換えて有限要素計算を進めればよい。

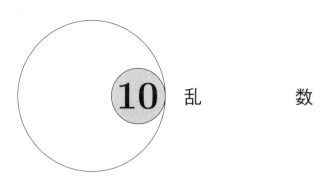

10 乱　　　数

本章では，機械電気システムに含まれる不確定な要素を確率的に表す手法を述べるとともに，確率的な計算を用いた数値計算アルゴリズムであるモンテカルロ法を紹介する。

10.1 確率変数と確率分布

機械電気システムに含まれるノイズやパラメータ変動などの不確定な要素は，**確率変数**（probablistic variables）を用いて定式化することができる。確率変数 X が α 以上 β 以下の値を持つ確率を $\Pr(\alpha \leq X \leq \beta)$ と書く。このとき，確率変数 X に対応して

$$\Pr(\alpha \leq X \leq \beta) = \int_\alpha^\beta n(x)\,\mathrm{d}x \tag{10.1}$$

を満たす関数 $n(x)$ が存在する。関数 $n(x)$ を**確率密度関数**（probability density function）と呼ぶ。例えば，確率変数 X が区間 $(0, 1)$ の**一様分布**（uniform distribution）に従うとする。区間 $(0, 1)$ の一様分布を $U(0,1)$ と表す。このとき確率変数 X は区間 $(0, 1)$ 内の値をとり，その確率は区間内で一様であるので，一様分布 $U(0,1)$ の確率密度関数は

$$n(x) = \begin{cases} 0 & (x < 0) \\ 1 & (0 \leq x \leq 1) \\ 0 & (1 < x) \end{cases} \tag{10.2}$$

である。実際，確率変数 X が一様分布 $U(0,1)$ に従うとき

$$\Pr\left(X \leq \frac{1}{3}\right) = \int_{-\infty}^{1/3} n(x)\,\mathrm{d}x = \frac{1}{3}$$

$$\Pr\left(\frac{1}{2} \leq X \leq \frac{3}{4}\right) = \int_{1/2}^{3/4} n(x)\,\mathrm{d}x = \frac{1}{4}$$

などを計算できる。また，平均 0，分散 1 の正規分布 (normal distribution) に対する確率密度関数は

$$n(x) = \frac{1}{\sqrt{2\pi}} \exp\left(-\frac{x^2}{2}\right) \tag{10.3}$$

で与えられる。この正規分布を $N(0,1)$ と表す。正規分布はガウス分布 (Gaussian distrubutuion) とも呼ばれる。

確率変数 X が一様分布 $U(0,1)$ に従うことを

$$X \sim U(0,1)$$

と書く。確率変数 X に関する式 $f(X)$ の平均は

$$E\left[f(X)\right] = \int_{-\infty}^{\infty} f(x)n(x)\,\mathrm{d}x \tag{10.4}$$

で与えられる。記号 E を平均オペレータと呼ぶ。確率変数 X の平均を μ，分散を σ^2 とすると

$$\mu = E\left[X\right] \tag{10.5}$$

$$\sigma^2 = E\left[(X-\mu)^2\right] \tag{10.6}$$

と書くことができる。

確率変数により定式化される量をシミュレーションで扱うときには，乱数 (random number) を用いる。MATLAB には，一様分布 $U(0,1)$ に従う一様乱数を生成する関数 rand，正規分布 $N(0,1)$ に従う正規乱数を生成する関数 randn が用意されている。ほかの確率分布は，これらの分布から生成する。

〔**1**〕 **一様分布** $U(a,b)$ 一様分布 $U(a,b)$ に従う確率変数を Y で表す。すなわち，確率変数 Y は区間 (a,b) 内の値をとり，その確率は区間内で一様である。一様分布 $U(0,1)$ に従う確率変数 X と一様乱数 $U(a,b)$ に従う確率変数 Y の関係は

$$Y = (b-a)X + a \tag{10.7}$$

で与えられる。したがって，式 (10.7) を用いて変数 X から変数 Y を計算することにより，一様乱数 $U(0,1)$ に従う確率変数から一様乱数 $U(a,b)$ に従う確率変数を求めることができる。

〔2〕 **正規分布** $N(\mu, \sigma^2)$　　平均 0，分散 1 の正規分布 $N(0,1)$ に従う確率変数を X，平均 μ，分散 σ^2 の正規分布 $N(\mu, \sigma^2)$ に従う確率変数を Y とする。変数 X と Y の関係は

$$Y = \sigma X + \mu \tag{10.8}$$

で与えられる。確認のため，変数 Y の平均と分散を計算する。変数 X の平均は 0，分散は 1 であり，$E[X] = 0$，　$E[X^2] = 1$ が成り立つことに注意すると

$$E[Y] = E[\sigma X + \mu] = \sigma E[X] + \mu = \mu$$

$$E[(Y-\mu)^2] = E[(\sigma X)^2] = \sigma^2 E[X^2] = \sigma^2$$

が得られ，変数 Y の平均が μ，分散が σ^2 であることがわかる。けっきょく，式 (10.8) を用いて変数 X から変数 Y を計算することにより，正規分布 $N(0,1)$ に従う確率変数から正規分布 $N(\mu, \sigma^2)$ に従う確率変数を求めることができる。

（10.2）モンテカルロ法

　解析的に求めることが可能であるが計算に時間や手間を要する問題を，乱数を用いて近似的に解く手法のことを**モンテカルロ法**（Monte Carlo method）と総称する。本節では多重定積分の計算を例にモンテカルロ法を説明する。

　定積分

$$S_1 = \int_0^1 \sqrt{1-x^2}\, \mathrm{d}x$$

を計算しよう。変数 x と被積分関数 $y = \sqrt{1-x^2}$ の値は $[0,1]$ の範囲にある。そこで，N 個の点 (x,y) を領域 $0 \leqq x, y \leqq 1$ の中にランダムに分布させる。個々の点 (x,y) が $y \leqq \sqrt{1-x^2}$ を満たすか否かを計算し，条件を満たす点の

個数を M とする。このとき

$$\frac{y \leqq \sqrt{1-x^2} \text{ を満たす領域の面積}}{\text{領域 } 0 \leqq x, y \leqq 1 \text{ の面積}} \approx \frac{M}{N}$$

が成り立つ。左辺の分子は積分 S_1 に一致し，左辺の分母の値は 1 である。これより

$$S_1 \approx \frac{M}{N}$$

を得る。したがって，確率分布 $U(0,1)$ に従う 2 個の一様乱数 x, y を発生させ，条件 $y \leqq \sqrt{1-x^2}$ を満たす x, y の個数を数えることにより，積分 S_1 の近似値を計算することができる。点の個数 N を大きくすると精度の高い値が期待できる。図 **10.1** に計算例を示す。この積分は解析解 $S_1 = \pi/4$ を求めることができる。乱数の種を変えて数値計算を 3 回行う。繰返しの回数が増えるにつれていずれの数値解も解析解に近づいていることがわかる。

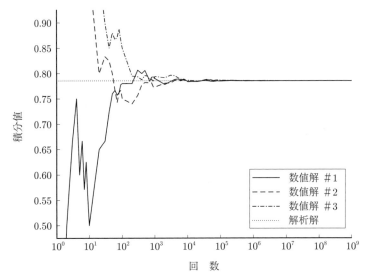

図 **10.1** モンテカルロ法による定積分の計算例

多重定積分
$$S_n = \int\int\cdots\int_{D_n} \sqrt{1 - x_1^2 - x_2^2 - \cdots - x_n^2}\, dx_1\, dx_2\, \cdots\, dx_n$$
をモンテカルロ法で計算しよう．積分領域は
$$D_n = \left\{(x_1, x_2, \cdots, x_n) \mid x_1^2 + x_2^2 + \cdots + x_n^2 \leq 1,\ x_1, x_2, \cdots, x_n \geq 0\right\}$$
である．変数 $x_1, x_2, \cdots, x_n$ と被積分関数 $y = \sqrt{1 - x_1^2 - x_2^2 - \cdots - x_n^2}$ の値は $[0, 1]$ の範囲にある．確率分布 $U(0,1)$ に従う $(n+1)$ 個の一様乱数 x_1, $x_2, \cdots, x_n, y$ を発生させ，条件 $x_1^2 + x_2^2 + \cdots + x_n^2 + y^2 \leq 1$ を満たす $x_1, x_2, \cdots, x_n, y$ の個数を数えることにより，積分 S_n の近似値を計算することができる．図 **10.2** に多重定積分 S_5 の計算例を示す．この積分の値は六次元単位球の体積の $1/2^6$ であり，解析解 $S_5 = \pi^3/6/2^6$ を求めることができる．乱数の種を変えて数値計算を 3 回行う．繰返しの回数が増えるにつれていずれの数値解も解析解に近づいていることがわかる．

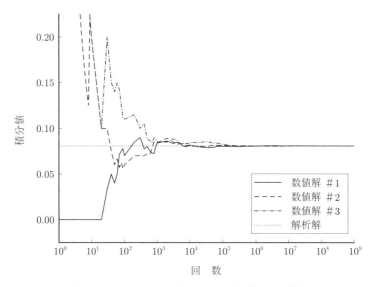

図 **10.2** モンテカルロ法による多重定積分の計算例

章 末 問 題

【1】 確率変数 $X \sim U(0,1)$ の平均と分散を求めよ。確率変数 $Y \sim U(a,b)$ の平均
と分散を求めよ。

【2】 確率変数 $X \sim N(0,1)$ の平均が 0，分散が 1 であることを確認せよ。

【3】 積分
$$\int_0^a \frac{1}{1+x^2}\, \mathrm{d}x$$
の値をモンテカルロ法を用いて計算せよ。

引用・参考文献

1) 東京工業大学 機械科学科 編，大熊 政明 ほか著：機械工学のための数学 II —基礎数値解析法—（科学のことばとしての数学），朝倉書店 (2007)

2) 片岡 勲，安田 秀幸，高野 直樹，芝原 正彦：数値解析入門，コロナ社 (2002)
   機械工学で重要な数値計算法に関する書籍。偏微分方程式の数値解法に関する説明が詳しい。

3) Press, W.H., Teukolsky, S.A., Vetterling, W.T., and Flannery, B.P.："Numerical Recipes in C (Second Edition)", Cambridge University Press (1992)
   数値計算アルゴリズムの集大成であり，さまざまな数値計算アルゴリズムの説明と C 言語によるコードが掲載されている。

4) 伊理 正夫，藤野 和建：数値計算の常識，共立出版 (1985)
   数値計算を実行するうえでのポイントや陥りやすい落とし穴を簡明に説明している。

5) Fehlberg, E.："Classical Fifth-, Sixth-, Seventh, and Eighth-Order Runge-Kutta Formulas with Stepsize Control", *NASA Technical Report*, R-287, October (1968)

6) Fehlberg, E.："Low-order Classical Runge-Kutta Formulas with Stepsize Control and Their Application to Some Heat Transfer Problems", *NASA Technical Report*, R-315, July (1969)

7) 三井 斌友：常微分方程式の数値解法，岩波書店 (2003)
   常微分方程式の数値解法に関する優れた和書。特に，解法の数値的な安定性，硬い系に対する解法に関する説明が詳しい。3 章の記述は本書を参考にした。

8) 三井 斌友，小藤 俊幸，齊藤 善弘：微分方程式による計算科学入門，共立出版 (2004)
   ハミルトン系に対するシンプレクティック法，遅延を含む微分方程式の解法に関する説明が詳しい。

9) Baumgarte, J.："Stabilization of Constraints and Integrals of Motion in Dynamical Systems", *Computer Methods in Applied Mechanics and Engineering*, Vol.**1**, pp.1–16 (1972)

136   引 用 ・ 参 考 文 献

　　制約安定化法の原著論文。

10) Strang, G.："Linear Algebra and Its Applications", Thomson Learning (1988)
　　工学の立場から書かれた線形代数の優れた教科書。行列とベクトルの積の行表
　　現と列表現，射影行列の幾何学的な導出，行列とその転置行列の零空間と写像空
　　間の幾何学的な解説など，線形代数の主要な概念を視覚的に理解できる。4章，5
　　章の説明は本書を参考にした。

11) Crandall, S.H., Karnopp, D.C., Kurts, E.F., and Pridmore-Brown, D.C.：
　　"Dynamics of Mechanical and Electromechanical Systems", McGraw–Hill
　　(1968)

12) Elsgolc, L.E.："Calculus of Variations", Chapter 1：The Method of Variation
　　in Problems with Fixed Boundaries, Pergamon Press (1961)

13) Nelder, J.A. and Mead, R.："A Simplex Method for Function Minimization",
　　Computer Journal, Vol.**7**, pp.308–313 (1965)
　　ネルダー・ミード法の原著論文。

14) 今野 浩，山下 浩：非線形計画法，日科技連出版社 (1978)
　　非線形計画法に関する優れた和書。70年代までの主要な成果が網羅されてい
　　る。アルゴリズムが詳細に記述されているので，プログラムを書くときに有用。
　　8章の説明は本書を参考にした。

15) Goldstein, H., Poole, C.P., and Safko, J.L.："Classical Mechanics (Third
　　Edition)", Chapter 2：Variational Principles and Lagrange's Equations,
　　Addison–Wesley (2002)

16) Hughes, T.J.R.："The Finite Element Method：Linear Static and Dynamic
　　Finite Element Analysis", Dover Publications (2000)

17) 日本計算工学会 編，竹内 則雄，樫山 和男，寺田 賢二郎 共著：計算力学（第2
　　版）—有限要素法の基礎—，森北出版 (2012)

18) Box, G.E.P. and Muller, M.E.："A Note on the Generation of Random Nor-
　　mal Deviates", *Annals of Mathematical Statistics*, Vol.**29**, No.2, pp.610–611
　　(1958)

19) 津田 孝夫：モンテカルロ法とシミュレーション，培風館 (1977)

章末問題解答

2章

【1】 省略

【2】 計算結果を**解図 2.1** に示す。ステップ幅の値が 0.1 のとき，変数 θ の変化をとらえきれない。この例では，0.01 程度のステップ幅が必要である。実際，可変ステップ幅の計算において，ステップ幅の値は 0.03 程度である。

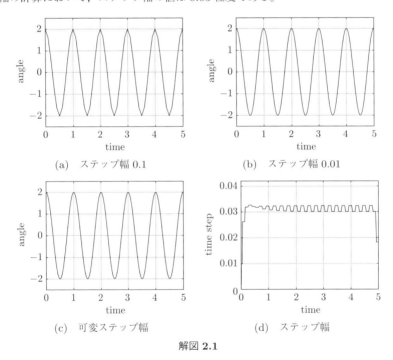

解図 2.1

【3】 本文中のプログラムに続いて，plot(q(:,1), q(:,2), '-'); を実行すると，**解図 2.2** を得る。

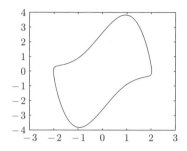

解図 2.2

【4】 関数記述

```
function f = n_Rosenbrock( x, n )
    f = sum(100*(x(2:n)-x(1:n-1)).^2 + (1-x(1:n-1)).^2);
end
```

をファイル n_Rosenbrock.m に保存し，例えば

```
n = 4; xinit = [2;3;4;5];
objective = @(x) n_Rosenbrock(x,n);
[xmin, fmin] = fminsearch(objective, xinit);
```

を実行する。

【5】 関数値が $-\infty$ に発散する。関数 I のヘッセ行列を計算すると

$$\nabla^2 I = \begin{bmatrix} 0 & 2+\lambda z & 2+\lambda y & yz \\ 2+\lambda z & 0 & 2+\lambda x & zx \\ 2+\lambda y & 2+\lambda x & 0 & xy \\ yz & zx & xy & 0 \end{bmatrix}$$

を得る。このとき，$[1, 1, 0, 0]^{\mathrm{T}}$ に対する二次形式の符号と $[1, -1, 0, 0]^{\mathrm{T}}$ に対する二次形式の符号が異なるので，ヘッセ行列は正定でも負定でもない。したがって，関数 I の極値は鞍点であり，関数 I は極小点や極大点を持たない。すなわち，ラグランジュの未定乗数法で求めているのは極値である。解析的な計算では勾配ベクトルが $\mathbf{0}$ に等しいという式を解くので，鞍点であろうが極小値であろうが構わない。けっきょく，ラグランジュの未定乗数法は解析的な計算のための手法であり，数値計算には適さないことがわかる。なお，ラグランジュの未定乗数法をもとに構成された，数値計算可能なアルゴリズムが乗数法（8.2 節）である。乗数法では制約の一次式に加えて制約の二次式を導入しているので，数値的に極小値を求めることができる。

【6】 省略

【7】 区間 $(-\alpha, \alpha)$ の一様乱数は，2α rand $-\alpha$ で生成できる。$A = 2.0$，$f = 5$，

$\delta = \pi/6$, $\alpha = 1.2$, $T = 0.001$ として計算した例を**解図 2.3**(a) に示す。乱数の種が異なると，得られる結果が異なる（解図 (b)）。

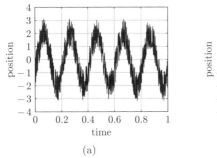

解図 2.3

3 章

【1】 状態変数の選び方には任意性があるので，下記は解答の一例である。

(1) 状態変数 $x_1, x_2, x_3, v_1, v_2, v_3$

$$\dot{x}_1 = v_1, \qquad \dot{x}_2 = v_2, \qquad \dot{x}_3 = v_3$$

$$\dot{v}_1 = \frac{1}{m_1}\{-k_{12}(x_1 - x_2)\}$$

$$\dot{v}_2 = \frac{1}{m_2}\{-k_{12}(x_2 - x_1) - k_{23}(x_2 - x_3)\}$$

$$\dot{v}_3 = \frac{1}{m_3}\{-k_{23}(x_3 - x_2)\}$$

(2) 時間積分に新しい変数 ξ を割り当てる。

$$\xi \triangleq \int_0^t i(\tau)\,\mathrm{d}\tau$$

この式を微分すると $\dot{\xi} = i$ を得る。回路方程式は

$$Ri + L\dot{i} + \frac{1}{C}\xi = E(t)$$

状態変数 i, ξ

$$\dot{i} = \frac{1}{L}\left\{E(t) - Ri - \frac{1}{C}\xi\right\}, \qquad \dot{\xi} = i$$

(3) $\omega = \dot{\theta}$ を導入し，時間積分に新しい変数 ξ を割り当てると

$$\dot{\theta} = \omega$$

$$\dot{\omega} = \frac{1}{ml^2}\{-mgl\sin\theta - K_{\mathrm{p}}(\theta - \theta^{\mathrm{d}}) - K_{\mathrm{d}}\omega - K_{\mathrm{i}}\xi\}$$

$$\dot{\xi} = \theta - \theta^{\mathrm{d}}$$

状態変数は θ, ω, ξ である。

【2】 ホイン法の式の両辺をステップ幅 T の 2 次のオーダまで展開する。左辺を展開すると
$$x_{n+1} = x(t_n + T) = x(t_n) + \dot{x}(t_n)T + \frac{1}{2}\ddot{x}(t_n)T^2$$
ここで，$x(t_n) = x_n$，$\dot{x}(t_n) = f(t_n, x_n) = f$ である。さらに
$$\ddot{x} = \frac{\mathrm{d}}{\mathrm{d}t}\dot{x} = \frac{\mathrm{d}}{\mathrm{d}t}f(t,x) = \frac{\partial f}{\partial t}\frac{\mathrm{d}t}{\mathrm{d}t} + \frac{\partial f}{\partial x}\frac{\mathrm{d}x}{\mathrm{d}t} = f_t + f_x f$$
であるので
$$左辺 = x_n + fT + \frac{1}{2}(f_t + f_x f)T^2$$
右辺をステップ幅の 2 次のオーダまで展開するためには，k_1 と k_2 を 1 次のオーダまで展開すれば十分である。$k_1 = f$ はステップ幅に関して 0 次のオーダの量である。k_2 を展開すると
$$k_2 = f(t_n + T, x_n + Tk_1) = f(t_n, x_n) + \frac{\partial f}{\partial t}T + \frac{\partial f}{\partial x}Tk_1 = k_1 + (f_t + f_x k_1)T$$
したがって
$$右辺 = x_n + \frac{T}{2}\{k_1 + k_1 + (f_t + f_x k_1)T\} = x_n + fT + \frac{1}{2}(f_t + f_x f)T^2$$
以上のように両辺は T の 2 次の項まで一致している。

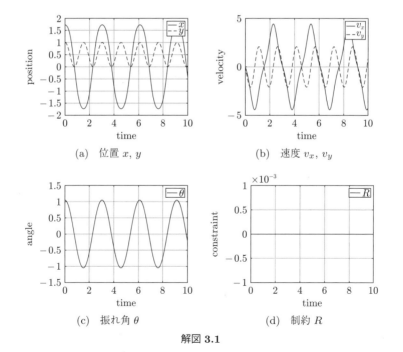

解図 **3.1**

【3】 $m = 0.01$, $l = 2.0$, $g = 9.8$ と定め，初期値 $\theta(0) = \pi/3$, $\omega(0) = 0$ に対応する初期値 $x(0) = l\sin\theta(0)$, $y(0) = l(1-\cos\theta(0))$, $v_x(0) = 0$, $v_y(0) = 0$ のもとで，制約付きの常微分方程式を解いた結果を示す．解図 **3.1**(a) は位置 $x(t)$ と $y(t)$ を，解図 (b) は速度 $v_x(t)$ と $v_y(t)$ を表している．位置 (x, y) から振れ角 θ を計算した結果を解図 (c) に示す．制約 R の値を計算した結果を解図 (d) に示す．制約 $R(x, y)$ の値はつねにほぼ 0 である．

【4】 $m = 1000$, $I = 1500$, $b = 200$, $B = 500$ と定め，初期値 $x(0) = 0$,

解表 **3.1**

開始時刻	終了時刻	$f(t)$	$\tau(t)$
0	10	3 000	0
10	20	3 000	-50
20	50	3 000	50
50	60	0	0
60	90	$-1\,200$	0
90	100	0	0

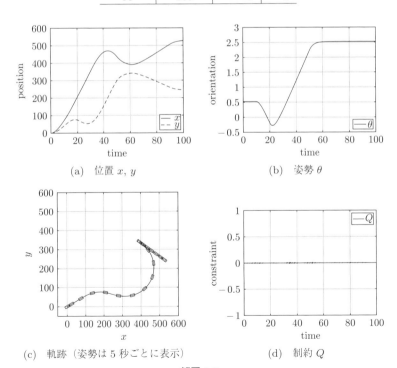

(a) 位置 x, y (b) 姿勢 θ

(c) 軌跡（姿勢は 5 秒ごとに表示） (d) 制約 Q

解図 **3.2**

$y(0) = 0$, $\theta(0) = \pi/6$, $v_x(0) = 0$, $v_y(0) = 0$, $\omega(0) = 0$ のもとで，制約付きの常微分方程式を解いた結果を示す．$[f_x(t), f_y(t)]^{\mathrm{T}} = f(t)[\cos\theta, \sin\theta]^{\mathrm{T}}$ と仮定し，力の大きさ $f(t)$ を与える．このとき，自動車の運動は $f(t)$ ならびに $\tau(t)$ により定まる．**解表 3.1** に示す $f(t)$ と $\tau(t)$ を与えて自動車の運動を計算した結果を**解図 3.2** に示す．

解図 (a) は位置 $x(t)$ と $y(t)$ を，解図 (b) は姿勢 $\theta(t)$ を表している．自動車が水平面内で描く軌跡を解図 (c) に示す．最初の 10 秒間は力が与えられトルクの値は 0 であるので，自動車は直進する．つぎの 10 秒間は負のトルクが与えられ，自動車は右にカーブする．つぎの 30 秒間は正のトルクが与えられ，自動車は左にカーブする．続いて力に負の値が与えられる間に自動車は後退し，続いて停止している．解図 (c) より，自動車の速度の方向が自動車の向きに一致していることがわかる．制約 Q の値を計算した結果を解図 (d) に示す．制約 Q の値はつねにほぼ 0 である．

【5】 $\dot{\theta}_1 = \omega_1$, $\dot{\theta}_2 = \omega_2$ と定めると

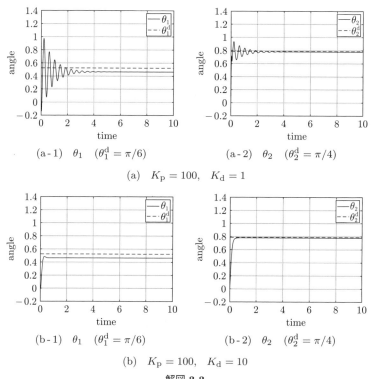

解図 3.3

$$\begin{bmatrix} H_{11} & H_{12} \\ H_{12} & H_{22} \end{bmatrix} \begin{bmatrix} \dot{\omega}_1 \\ \dot{\omega}_2 \end{bmatrix} = \begin{bmatrix} L(\theta_1, \theta_2, \omega_1, \omega_2; P_1, P_2) - K_\mathrm{p}(\theta_1 - \theta_1^\mathrm{d}) - K_\mathrm{d}\omega_1 \\ U(\theta_1, \theta_2, \omega_1, \omega_2; P_1, P_2) - K_\mathrm{p}(\theta_2 - \theta_2^\mathrm{d}) - K_\mathrm{d}\omega_2 \end{bmatrix}$$

$K_\mathrm{p}, K_\mathrm{d}$ はゲインである。ここで，$l_1 = l_2 = 0.4$, $l_\mathrm{c1} = l_\mathrm{c2} = 0.2$, $m_1 = m_2 = 1.0$, $J_1 = J_2 = 0.01$, $g = 9.8$ として計算した結果を**解図 3.3** に示す。解図に示すように，ゲインを適切に選ぶことにより，関節角は目標値に近づく。また，PD 制御ではオフセットが残ることがわかる。

PID 制御においては，標準形の $-K_\mathrm{p}(\theta_k - \theta_k^\mathrm{d}) - K_\mathrm{d}\omega_k$ を $-K_\mathrm{p}(\theta_k - \theta_k^\mathrm{d}) - K_\mathrm{d}\omega_k - K_\mathrm{i}\xi_k$ で置き換え，標準形に $\dot{\xi}_k = \theta_k - \theta_k^\mathrm{d}$ を追加する。計算例を**解図 3.4** に示す。オフセットが残らないことがわかる。

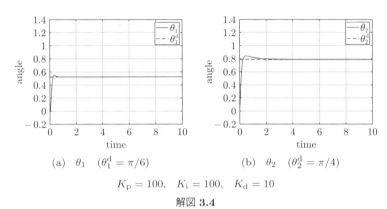

(a) θ_1 ($\theta_1^\mathrm{d} = \pi/6$) (b) θ_2 ($\theta_2^\mathrm{d} = \pi/4$)

$K_\mathrm{p} = 100$, $K_\mathrm{i} = 100$, $K_\mathrm{d} = 10$

解図 **3.4**

【6】(1) 左アームの先端の座標
$$\begin{bmatrix} x_{1,2} \\ y_{1,2} \end{bmatrix} = \begin{bmatrix} x_1 \\ y_1 \end{bmatrix} + l_1 \begin{bmatrix} C_1 \\ S_1 \end{bmatrix} + l_2 \begin{bmatrix} C_{1+2} \\ S_{1+2} \end{bmatrix}$$

右アームの先端の座標
$$\begin{bmatrix} x_{3,4} \\ y_{3,4} \end{bmatrix} = \begin{bmatrix} x_3 \\ y_3 \end{bmatrix} + l_3 \begin{bmatrix} C_3 \\ S_3 \end{bmatrix} + l_4 \begin{bmatrix} C_{3+4} \\ S_{3+4} \end{bmatrix}$$

(2) 制約式
$$X \stackrel{\triangle}{=} x_{1,2} - x_{3,4} = l_1 C_1 + l_2 C_{1+2} - l_3 C_3 - l_4 C_{3+4} + x_1 - x_3 = 0$$
$$Y \stackrel{\triangle}{=} y_{1,2} - y_{3,4} = l_1 S_1 + l_2 S_{1+2} - l_3 S_3 - l_4 S_{3+4} + y_1 - y_3 = 0$$

(3) 関節角をまとめて $\boldsymbol{\theta}_{1,2} = [\theta_1, \theta_2]^\mathrm{T}$, $\boldsymbol{\theta}_{3,4} = [\theta_3, \theta_4]^\mathrm{T}$ で表す。端点の座標 $x_{1,2}$, $y_{1,2}$ の $\boldsymbol{\theta}_{1,2}$ に関する勾配ベクトル，端点の座標 $x_{3,4}$, $y_{3,4}$ の $\boldsymbol{\theta}_{3,4}$ に関する勾配ベクトルは

$$\boldsymbol{g}_x^{1,2} = \begin{bmatrix} -l_1 S_1 - l_2 S_{1+2} \\ -l_2 S_{1+2} \end{bmatrix}, \qquad \boldsymbol{g}_y^{1,2} = \begin{bmatrix} l_1 C_1 + l_2 C_{1+2} \\ l_2 C_{1+2} \end{bmatrix}$$

$$\boldsymbol{g}_x^{3,4} = \begin{bmatrix} -l_3 S_3 - l_4 S_{3+4} \\ -l_4 S_{3+4} \end{bmatrix}, \qquad \boldsymbol{g}_y^{3,4} = \begin{bmatrix} l_3 C_3 + l_4 C_{3+4} \\ l_4 C_{3+4} \end{bmatrix}$$

端点の座標 $x_{1,2}$, $y_{1,2}$ の $\boldsymbol{\theta}_{1,2}$ に関するヘッセ行列，端点の座標 $x_{3,4}$, $y_{3,4}$ の $\boldsymbol{\theta}_{3,4}$ に関するヘッセ行列は

$$H_x^{1,2} = \begin{bmatrix} -l_1 C_1 - l_2 C_{1+2} & -l_2 C_{1+2} \\ -l_2 C_{1+2} & -l_2 C_{1+2} \end{bmatrix}$$

$$H_y^{1,2} = \begin{bmatrix} -l_1 S_1 - l_2 S_{1+2} & -l_2 S_{1+2} \\ -l_2 S_{1+2} & -l_2 S_{1+2} \end{bmatrix}$$

$$H_x^{3,4} = \begin{bmatrix} -l_3 C_3 - l_4 C_{3+4} & -l_4 C_{3+4} \\ -l_4 C_{3+4} & -l_4 C_{3+4} \end{bmatrix}$$

$$H_y^{3,4} = \begin{bmatrix} -l_3 S_3 - l_4 S_{3+4} & -l_4 S_{3+4} \\ -l_4 S_{3+4} & -l_4 S_{3+4} \end{bmatrix}$$

制約式 $X = x_{1,2} - x_{3,4}$ の時間微分は

$$\dot{X} = (\boldsymbol{g}_x^{1,2})^{\mathrm{T}} \dot{\boldsymbol{\theta}}_{1,2} - (\boldsymbol{g}_x^{3,4})^{\mathrm{T}} \dot{\boldsymbol{\theta}}_{3,4}$$

$$\ddot{X} = (\boldsymbol{g}_x^{1,2})^{\mathrm{T}} \ddot{\boldsymbol{\theta}}_{1,2} - (\boldsymbol{g}_x^{3,4})^{\mathrm{T}} \ddot{\boldsymbol{\theta}}_{3,4} + (\dot{\boldsymbol{\theta}}_{1,2})^{\mathrm{T}} H_x^{1,2}(\dot{\boldsymbol{\theta}}_{1,2}) - (\dot{\boldsymbol{\theta}}_{3,4})^{\mathrm{T}} H_x^{3,4}(\dot{\boldsymbol{\theta}}_{3,4})$$

ここで

$$\boldsymbol{\theta} = \begin{bmatrix} \boldsymbol{\theta}_{1,2} \\ \boldsymbol{\theta}_{3,4} \end{bmatrix}, \qquad \boldsymbol{g}_x = \begin{bmatrix} \boldsymbol{g}_x^{1,2} \\ -\boldsymbol{g}_x^{3,4} \end{bmatrix}, \qquad H^x = \begin{bmatrix} H_x^{1,2} & \\ & -H_x^{3,4} \end{bmatrix}$$

とおくと，制約 X の安定化則は，正の定数 α を用いて

$$-\boldsymbol{g}_x^{\mathrm{T}} \ddot{\boldsymbol{\theta}} = \dot{\boldsymbol{\theta}}^{\mathrm{T}} H_x \dot{\boldsymbol{\theta}} + 2\alpha \boldsymbol{g}_x^{\mathrm{T}} \dot{\boldsymbol{\theta}} + \alpha^2 X$$

と表される。制約 Y の安定化則も同様に求めることができる。

【7】 パラメータ $m = 1$, $k = 100$, $g = 9.8$, 初期値 $x(0) = 100$, $\dot{x}(0) = 0$ に対して，運動方程式を

```
interval = [0, 50];
qinit = [100; 0];
options = odeset('AbsTol',1e-12, 'MaxStep',0.1);
[time, q] = ode23tb(@collision_ode, interval, qinit, options);
```

により解く。関数 collision_ode は標準形を与える。関数 odeset を用いて ODE ソルバーにおけるオプションを指定している。解いた結果を解図 **3.5** に示す。質点が床

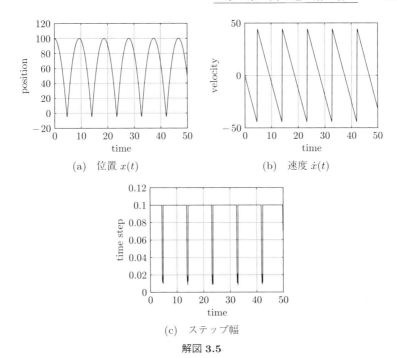

解図 3.5

に衝突し速度が急速に増加する時刻において、ステップ幅が短くなっていることがわかる。また、質点と床との衝突は完全弾性衝突であり、質点の最も高い位置は変わらない。

4 章

【1】 下三角行列と下三角行列の積は下三角行列である。行列 H, G, F は下三角行列であるので、行列の積 HGF は下三角行列である。行列 $F^{-1}G^{-1}H^{-1}$ は

H^{-1}：3 行目に 2 行目の 3 倍を加える。
G^{-1}：3 行目に 1 行目の (-1) 倍を加える。
F^{-1}：2 行目に 1 行目の 2 倍を加える。

という操作を順次行うことに相当する。操作 H^{-1}, G^{-1} によって 1 行目や 2 行目は変化しない。したがって、F^{-1} の操作の対象となるのは、初期の 1 行目や 2 行目である。これは、行列 F^{-1}, G^{-1}, H^{-1} の下三角要素が行列 $F^{-1}G^{-1}H^{-1}$ の下三角要素に直接対応していることを意味する。一方、行列 HGF は

146 　章 末 問 題 解 答

F：2 行目に 1 行目の (-2) 倍を加える。

G：3 行目に 1 行目の 1 倍を加える。

H：3 行目に 2 行目の (-3) 倍を加える。

という操作を順次行うことに相当する。操作 F, G によって 2 行目と 3 行目が変化する。したがって，H の操作の対象となるのは，初期の 2 行目や 3 行目ではない。これは，行列 F, G, H の下三角要素が積 HGF の下三角要素に直接対応していないことを意味する。

【2】 n 次の正方行列 A の LU 分解 $A = LU$ を計算する。

```
L = eye(n,n);
U = zeros(n,n);
for k = 1:n
    % 行列 U と L の計算
    U(k,k:n) = A(k,k:n);
    L(k+1:n,k) = A(k+1:n,k)/U(k,k);
    % 行列 A の更新
    A(k+1:n,k+1:n) = A(k+1:n,k+1:n) - L(k+1:n,k)*U(k,k+1:n);
end
```

【3】 n 次の正方行列 A の LU 分解 $PA = LU$ を計算する。

```
L = eye(n,n);
U = zeros(n,n);
row = 1:n;
for k = 1:n
    % ピボット選択
    [value,p] = max(abs(A(k:n,k)));
    p = p + (k-1);
    % ピボット選択に伴う行列 A と L の更新
    A([k,p],k:n) = A([p,k],k:n);
    L([k,p],1:k-1) = L([p,k],1:k-1);
    row([k,p]) = row([p,k]);
    % 行列 U と L の計算
    U(k,k:n) = A(k,k:n);
    L(k+1:n,k) = A(k+1:n,k)/U(k,k);
    % 行列 A の更新
    A(k+1:n,k+1:n) = A(k+1:n,k+1:n) - L(k+1:n,k)*U(k,k+1:n);
end
% 置換行列 P の計算
P = zeros(n,n);
for k = 1:n
```

```
    P(k,row(k)) = 1;
  end
```

【4】 行の交換と列の交換を行った行列

$$PAQ = \left[\begin{array}{ccc|cc} 2 & 5 & 1 & -4 & -2 \\ 0 & -3 & -1 & 0 & -2 \\ 2 & 2 & -5 & -4 & 1 \end{array}\right]$$

の左ブロックの LU 分解が LU となる。このとき右ブロックは LB で与えられる。

連立一次方程式 $A\boldsymbol{x} = \boldsymbol{b}$ の両辺に置換行列 P を左から乗じ，$QQ^{\mathrm{T}} = I$ に注意すると，$PA(QQ^{\mathrm{T}})\boldsymbol{x} = P\boldsymbol{b}$ を得る。ここで $\boldsymbol{y} = Q^{\mathrm{T}}\boldsymbol{x}$，$\boldsymbol{b}' = P\boldsymbol{b}$ とおき，式 (4.21) を用いると，この式は

$$L\left[\begin{array}{c|c} U & B \end{array}\right]\boldsymbol{y} = \boldsymbol{b}'$$

と表される。ここで変数ベクトル $\boldsymbol{y}$ を

$$\boldsymbol{y} = \left[\begin{array}{c} \overline{\boldsymbol{y}} \\ \underline{\boldsymbol{y}} \end{array}\right]$$

と分割すると $U\overline{\boldsymbol{y}} + B\underline{\boldsymbol{y}} = L^{-1}\boldsymbol{b}'$ が得られ，結果として

$$\overline{\boldsymbol{y}} = (LU)^{-1}\boldsymbol{b}' - U^{-1}B\underline{\boldsymbol{y}}$$

となる。したがって，$\underline{\boldsymbol{y}} = \boldsymbol{\alpha}$ (任意のベクトル) とおくと

$$\boldsymbol{y} = \left[\begin{array}{c} (LU)^{-1}\boldsymbol{b}' \\ \hline \boldsymbol{0} \end{array}\right] + \left[\begin{array}{c} -U^{-1}B \\ \hline I \end{array}\right]\boldsymbol{\alpha}$$

と表される。連立一次方程式の解は $\boldsymbol{x} = Q\boldsymbol{y}$ である。

【5】 行列 A の (i,j) 要素を a_{ij}，行列 U の (i,j) 要素を u_{ij} で表す。

$$\left[\begin{array}{cccc} u_{11} & & & \\ u_{12} & u_{22} & & \\ u_{13} & u_{23} & u_{33} & \\ u_{14} & u_{24} & u_{34} & u_{44} \end{array}\right]\left[\begin{array}{cccc} u_{11} & u_{12} & u_{13} & u_{14} \\ & u_{22} & u_{23} & u_{24} \\ & & u_{33} & u_{34} \\ & & & u_{44} \end{array}\right] = \left[\begin{array}{cccc} 4 & 2 & -2 & 2 \\ 2 & 10 & 2 & -5 \\ -2 & 2 & 3 & -4 \\ 2 & -5 & -4 & 10 \end{array}\right]$$

より U の 1 行目の要素 $u_{11} = (a_{11})^{1/2} = 2$，$u_{12} = a_{12}/u_{11} = 1$，$u_{13} = a_{13}/u_{11} = -1$，$u_{14} = a_{14}/u_{11} = 1$ を得る。

行列

$$\left[\begin{array}{ccc} 10 & 2 & -5 \\ 2 & 3 & -4 \\ -5 & -4 & 10 \end{array}\right] - \left[\begin{array}{c} u_{12} \\ u_{13} \\ u_{14} \end{array}\right]\left[\begin{array}{ccc} u_{12} & u_{13} & u_{14} \end{array}\right] = \left[\begin{array}{ccc} 9 & 3 & -6 \\ 3 & 2 & -3 \\ -6 & -3 & 9 \end{array}\right]$$

をコレスキー分解する。

148　　　章　末　問　題　解　答

$$\begin{bmatrix} u_{22} & & \\ u_{23} & u_{33} & \\ u_{24} & u_{34} & u_{44} \end{bmatrix} \begin{bmatrix} u_{22} & u_{23} & u_{24} \\ & u_{33} & u_{34} \\ & & u_{44} \end{bmatrix} = \begin{bmatrix} 9 & 3 & -6 \\ 3 & 2 & -3 \\ -6 & -3 & 9 \end{bmatrix}$$

より 2 行目の要素 $u_{22} = (a_{22})^{1/2} = 3$, $u_{23} = a_{23}/u_{22} = 1$, $u_{24} = a_{24}/u_{22} = -2$ を得る。

行列

$$\begin{bmatrix} 2 & -3 \\ -3 & 9 \end{bmatrix} - \begin{bmatrix} u_{23} \\ u_{24} \end{bmatrix} \begin{bmatrix} u_{23} & u_{24} \end{bmatrix} = \begin{bmatrix} 1 & -1 \\ -1 & 5 \end{bmatrix}$$

をコレスキー分解する。

$$\begin{bmatrix} u_{33} & \\ u_{34} & u_{44} \end{bmatrix} \begin{bmatrix} u_{33} & u_{34} \\ & u_{44} \end{bmatrix} = \begin{bmatrix} 1 & -1 \\ -1 & 5 \end{bmatrix}$$

より，3 行目の要素 $u_{33} = (a_{33})^{1/2} = 1$, $u_{34} = a_{34}/u_{33} = -1$ を得る。

行列

$$\begin{bmatrix} 5 \end{bmatrix} - \begin{bmatrix} u_{34} \end{bmatrix} \begin{bmatrix} u_{34} \end{bmatrix} = \begin{bmatrix} 4 \end{bmatrix}$$

をコレスキー分解する。

$$\begin{bmatrix} u_{44} \end{bmatrix} \begin{bmatrix} u_{44} \end{bmatrix} = \begin{bmatrix} 4 \end{bmatrix}$$

より 4 行目の要素 $u_{44} = (a_{44})^{1/2} = 2$ を得る。したがって

$$U = \begin{bmatrix} 2 & 1 & -1 & 1 \\ & 3 & 1 & -2 \\ & & 1 & -1 \\ & & & 2 \end{bmatrix}$$

以上の計算過程よりコレスキー分解のアルゴリズムは

```
U = zeros(n,n);
for k=1:n
    % 行列 U の計算
    U(k,k) = sqrt(A(k,k));
    U(k,k+1:n) = A(k,k+1:n)/U(k,k);
    % 行列 A の更新
    A(k+1:n,k+1:n) = A(k+1:n,k+1:n) - U(k,k+1:n)'*U(k,k+1:n);
end
```

5 章

【1】 射影行列 P の定義を用いて P^2 を計算すると

$$P^2 = A(A^\mathrm{T}A)^{-1}A^\mathrm{T}\,A(A^\mathrm{T}A)^{-1}A^\mathrm{T}$$
$$= A\{(A^\mathrm{T}A)^{-1}\,A^\mathrm{T}A\}(A^\mathrm{T}A)^{-1}A^\mathrm{T} = A(A^\mathrm{T}A)^{-1}A^\mathrm{T} = P$$

射影行列 P により任意のベクトルは行列 A の列ベクトルが定める空間内のベクトルに写像される。空間内のベクトルはそのままで変わらない。したがって，射影を複数回行った結果は，1 回の射影の結果と同じである。

【2】 行列 A の列ベクトルは正規直交系をなしているので，行列 A の射影行列は

$$P_A = \begin{bmatrix} \cos 30^\circ \\ 0 \\ \sin 30^\circ \end{bmatrix} \begin{bmatrix} \cos 30^\circ & 0 & \sin 30^\circ \end{bmatrix} + \begin{bmatrix} 0 \\ 1 \\ 0 \end{bmatrix} \begin{bmatrix} 0 & 1 & 0 \end{bmatrix}$$

$$= \begin{bmatrix} \cos^2 30^\circ & 0 & \cos 30^\circ \sin 30^\circ \\ 0 & 1 & 0 \\ \sin 30^\circ \cos 30^\circ & 0 & \sin^2 30^\circ \end{bmatrix}$$

行列 B に，列に関する基本変形を適用する。

$$\begin{bmatrix} -6 & 4 & 0 \\ 3 & -2 & 0 \\ -1 & 2 & 1 \\ 1 & -2 & -1 \\ -1 & 2 & 1 \end{bmatrix} \quad \begin{array}{l} \text{(1 列に 3 列の 1 倍を加算)} \\ \text{(2 列に 3 列の } (-2) \text{ 倍を加算)} \end{array} \Longrightarrow$$

$$\begin{bmatrix} -6 & 4 & 0 \\ 3 & -2 & 0 \\ 0 & 0 & 1 \\ 0 & 0 & -1 \\ 0 & 0 & 1 \end{bmatrix} \quad \text{(1 列に 2 列の } (2/3) \text{ 倍を加算)} \Longrightarrow$$

$$\begin{bmatrix} 0 & 4 & 0 \\ 0 & -2 & 0 \\ 0 & 0 & 1 \\ 0 & 0 & -1 \\ 0 & 0 & 1 \end{bmatrix} \quad \begin{array}{l} \text{(0 列ベクトルを削除)} \\ \text{(各列をその大きさで割る)} \end{array} \Longrightarrow$$

$$\begin{bmatrix} 2/\sqrt{5} & 0 \\ -1/\sqrt{5} & 0 \\ 0 & 1/\sqrt{3} \\ 0 & -1/\sqrt{3} \\ 0 & 1/\sqrt{3} \end{bmatrix} \quad \text{正規直交系}$$

したがって，行列 B の射影行列は

$$P_B = \begin{bmatrix} 4/5 & -2/5 & & & \\ -2/5 & 1/5 & & & \\ & & 1/3 & -1/3 & 1/3 \\ & & -1/3 & 1/3 & -1/3 \\ & & 1/3 & -1/3 & 1/3 \end{bmatrix}$$

行列 C は正則であるので，$(C^{\mathrm{T}}C)^{-1} = C^{-1}(C^{\mathrm{T}})^{-1}$ が成り立つ。したがって行列 C の射影行列は

$$P_C = CC^{-1}(C^{\mathrm{T}})^{-1}C^{\mathrm{T}} = I = \begin{bmatrix} 1 & 0 & 0 \\ 0 & 1 & 0 \\ 0 & 0 & 1 \end{bmatrix}$$

である。すなわち，全空間への射影は恒等変換である。

【3】 変数 t と f の値を近似式に代入すると

$$a + b \cdot 1 + c \cdot 1^2 = 4$$
$$a + b \cdot 2 + c \cdot 2^2 = 9$$
$$a + b \cdot 3 + c \cdot 3^2 = 2$$
$$a + b \cdot 4 + c \cdot 4^2 = 3$$
$$a + b \cdot 5 + c \cdot 5^2 = -3$$

未知パラメータからなるベクトルを $\boldsymbol{p} = [a, b, c]^{\mathrm{T}}$ とする。ここで

$$A = \begin{bmatrix} 1 & 1 & 1^2 \\ 1 & 2 & 2^2 \\ 1 & 3 & 3^2 \\ 1 & 4 & 4^2 \\ 1 & 5 & 5^2 \end{bmatrix}, \qquad \boldsymbol{b} = \begin{bmatrix} 4 \\ 9 \\ 2 \\ 3 \\ -3 \end{bmatrix}$$

とすると，方程式 $A\boldsymbol{p} = \boldsymbol{b}$ を得る。正規方程式 $A^{\mathrm{T}}A\boldsymbol{p} = A^{\mathrm{T}}\boldsymbol{b}$ を解くと，$\boldsymbol{p} = [2, 4, -1]^{\mathrm{T}}$ を得る。

【4】 $kT = t_k$，$x(kT) = x_k$ と表す。$p = A\cos\delta$，$q = A\sin\delta$ とおくと，$x(t) = p\sin(2\pi f t) - q\cos(2\pi f t)$ と表される。この式に時刻 $t_0, t_1, t_2, \cdots$ と対応する信号の値 $x_0, x_1, x_2, \cdots$ を代入すると

$$p\sin(2\pi f t_0) - q\cos(2\pi f t_0) = x_0$$
$$p\sin(2\pi f t_1) - q\cos(2\pi f t_1) = x_1$$
$$p\sin(2\pi f t_2) - q\cos(2\pi f t_2) = x_2$$

$$\vdots$$

未知パラメータからなるベクトルを $\boldsymbol{p} = [p, q]^{\mathrm{T}}$ とする。ここで

$$
S = \begin{bmatrix} \sin(2\pi f t_0) & -\cos(2\pi f t_0) \\ \sin(2\pi f t_1) & -\cos(2\pi f t_1) \\ \sin(2\pi f t_2) & -\cos(2\pi f t_2) \\ \vdots & \vdots \end{bmatrix}, \qquad \boldsymbol{b} = \begin{bmatrix} x_0 \\ x_1 \\ x_2 \\ \vdots \end{bmatrix}
$$

とすると，方程式 $S\boldsymbol{p} = \boldsymbol{b}$ を得る。正規方程式 $S^{\mathrm{T}}S\boldsymbol{p} = S^{\mathrm{T}}\boldsymbol{b}$ を解くと，$\boldsymbol{p} = [p, q]^{\mathrm{T}}$ の値を得る。$A = \sqrt{p^2 + q^2}$，$\delta = \mathrm{atan2}\,(q, p)$ より，振幅と位相差を計算することができる。2 章の章末問題【7】の解答の値を用いて，時間区間 $[0, 10]$ の信号を模擬的に生成し，振幅と位相差を求めたところ，$A = 2.001$，$\delta = 0.5213$ を得た。

【5】 上三角行列 R のランクを調べ，ランクの値に応じて行列 Q の列ベクトルを抽出し，射影行列を計算する。プログラム

```
[Q,R,index] = qr(A,0);
n = rank(R);
P = Q(:,1:n)*Q(:,1:n)';
```

により，フルランクでない行列

$$
A = \begin{bmatrix} 0 & 0 & 0 \\ 1 & 2 & 2 \\ 2 & 4 & 1 \end{bmatrix}
$$

の射影行列を計算した結果

$$
P = \begin{bmatrix} 0 & 0 & 0 \\ 0 & 1.0000 & 0.0000 \\ 0 & 0.0000 & 1.0000 \end{bmatrix}
$$

を得た。関数 rank は行列のランクを計算する。

【6】 (1) 正方行列 U は直交行列なので $U^{\mathrm{T}}U = I$，$|U| = 1$ が成り立つ。これより

$$
|\lambda I - U^{\mathrm{T}}AU| = |\lambda U^{\mathrm{T}}U - U^{\mathrm{T}}AU| = |U^{\mathrm{T}}(\lambda I - A)U|
$$
$$
= |U^{\mathrm{T}}||\lambda I - A||U| = |\lambda I - A|
$$

が得られ，行列 A の固有値と行列 $U^{\mathrm{T}}AU$ の固有値が一致することがわかる。

(2) $Q^{\mathrm{T}}Q = I$，$QR = A$ に注意すると

$$
RQ = Q^{\mathrm{T}}QRQ = Q^{\mathrm{T}}AQ
$$

正方行列 Q は直交行列であるので，行列 A の固有値と行列 $Q^{\mathrm{T}}AQ = RQ$ の固有値は一致する。

(3) $A_k = Q_k R_k$ の固有値と $R_k Q_k$ の固有値は一致するので，行列 A_k の固有値と行

152　　　章　末　問　題　解　答

列 A_{k+1} の固有値は一致する。帰納法により，行列 A の固有値と行列 A_k の固有値は一致することが示される。

(4) 3次の実対称正方行列 A の固有値を λ_1, λ_2, λ_3 で表し，対応する固有ベクトルを u_1, u_2, u_3 とすると，$A = \lambda_1 u_1 u_1^{\mathrm{T}} + \lambda_2 u_2 u_2^{\mathrm{T}} + \lambda_3 u_3 u_3^{\mathrm{T}}$ が成り立つ。行列 A が実対称行列であるので固有ベクトルは直交している。ここで

$$\lambda_1 = 2, \qquad \lambda_2 = -3, \qquad \lambda_3 = 5$$

$$u_1 = \frac{1}{\sqrt{5}} \begin{bmatrix} 1 \\ -2 \\ 0 \end{bmatrix}, \qquad u_2 = \frac{1}{3} \begin{bmatrix} 2 \\ 1 \\ 2 \end{bmatrix}, \qquad u_3 = \frac{1}{3\sqrt{5}} \begin{bmatrix} -4 \\ -2 \\ 5 \end{bmatrix}$$

とおくと

$$A = \begin{bmatrix} 0.8444 & -0.5778 & -3.5556 \\ -0.5778 & 1.7111 & -1.7778 \\ -3.5556 & -1.7778 & 1.4444 \end{bmatrix}$$

である。プログラム

```
for iteration=1:40
    [Q,R] = qr(A);
    A = R*Q;
end
```

で計算した結果を示す。

$$A_5 = \begin{bmatrix} 4.9398 & 0.0225 & -0.6903 \\ 0.0225 & 2.0002 & -0.0053 \\ -0.6903 & -0.0053 & -2.9400 \end{bmatrix}$$

$$A_{10} = \begin{bmatrix} 4.9996 & 0.0002 & -0.0541 \\ 0.0002 & 2.0000 & -0.0000 \\ -0.0541 & -0.0000 & -2.9996 \end{bmatrix}$$

$$A_{20} = \begin{bmatrix} 5.0000 & 0.0000 & -0.0003 \\ 0.0000 & 2.0000 & -0.0000 \\ -0.0003 & -0.0000 & -3.0000 \end{bmatrix}$$

$$A_{40} = \begin{bmatrix} 5.0000 & 0.0000 & -0.0000 \\ 0.0000 & 2.0000 & 0.0000 \\ -0.0000 & 0.0000 & -3.0000 \end{bmatrix}$$

行列 A_{40} の対角成分が行列 A の固有値に一致している。

章 末 問 題 解 答　　　*153*

【**7**】　行列

$$AA^{\mathrm{T}} = \begin{bmatrix} 1 & 1 & 0 \\ 1 & 2 & -1 \\ 0 & -1 & 1 \end{bmatrix}$$

の固有値を求めると $3, 1, 0$，対応する固有ベクトルは

$$\boldsymbol{u}_1 = \frac{1}{\sqrt{6}}\begin{bmatrix} -1 \\ -2 \\ 1 \end{bmatrix}, \qquad \boldsymbol{u}_2 = \frac{1}{\sqrt{2}}\begin{bmatrix} 1 \\ 0 \\ 1 \end{bmatrix}, \qquad \boldsymbol{u}_3 = \frac{1}{\sqrt{3}}\begin{bmatrix} -1 \\ 1 \\ 1 \end{bmatrix}$$

である。行列

$$A^{\mathrm{T}}A = \begin{bmatrix} 2 & -1 \\ -1 & 2 \end{bmatrix}$$

の固有値を求めると $3, 1$，対応する固有ベクトルは

$$\boldsymbol{v}_1 = \frac{1}{\sqrt{2}}\begin{bmatrix} -1 \\ 1 \end{bmatrix}, \qquad \boldsymbol{v}_2 = \frac{1}{\sqrt{2}}\begin{bmatrix} 1 \\ 1 \end{bmatrix}$$

である。したがって

$$U = \begin{bmatrix} \boldsymbol{u}_1 & \boldsymbol{u}_2 & \boldsymbol{u}_3 \end{bmatrix} = \begin{bmatrix} -1/\sqrt{6} & 1/\sqrt{2} & -1/\sqrt{3} \\ -2/\sqrt{6} & 0/\sqrt{2} & 1/\sqrt{3} \\ 1/\sqrt{6} & 1/\sqrt{2} & 1/\sqrt{3} \end{bmatrix}$$

$$\Sigma = \begin{bmatrix} \sqrt{3} & 0 \\ 0 & \sqrt{1} \\ 0 & 0 \end{bmatrix}$$

$$V = \begin{bmatrix} \boldsymbol{v}_1 & \boldsymbol{v}_2 \end{bmatrix} = \begin{bmatrix} -1/\sqrt{2} & 1/\sqrt{2} \\ 1/\sqrt{2} & 1/\sqrt{2} \end{bmatrix}$$

とおくと特異値分解 $A = U\Sigma V^{\mathrm{T}}$ を得る。

　特異値分解の幾何学的な意味を調べるために行列 $A = U\Sigma V^{\mathrm{T}}$ を二次元平面から三次元空間への変換とみなし，入力ベクトル $\boldsymbol{v}_1$, $\boldsymbol{v}_2$ の変換を計算すると

$$A\boldsymbol{v}_1 = \frac{1}{\sqrt{2}}\begin{bmatrix} 1 \\ 2 \\ -1 \end{bmatrix} = \sqrt{3}\boldsymbol{u}_1, \qquad A\boldsymbol{v}_2 = \frac{1}{\sqrt{2}}\begin{bmatrix} 1 \\ 0 \\ 1 \end{bmatrix} = \sqrt{1}\boldsymbol{u}_2$$

を得る。したがって，入力側の二次元平面内の原点を中心とする単位円を変換すると，三次元空間内で $\sqrt{3}\boldsymbol{u}_1$ と $\sqrt{1}\boldsymbol{u}_2$ を長軸と短軸とする楕円が得られる。長軸 $\sqrt{3}\boldsymbol{u}_1$ に対応する入力が $\boldsymbol{v}_1$，短軸 $\sqrt{1}\boldsymbol{u}_2$ に対応する入力が $\boldsymbol{v}_2$ である。ベクトル $\boldsymbol{u}_3$ に対応する入力ベクトルは存在しない。

一方，$A^{\mathrm{T}} = V\Sigma^{\mathrm{T}}U^{\mathrm{T}}$ の幾何学的な意味を調べるために行列 A^{T} を三次元空間から二次元平面への変換とみなし，入力ベクトル $\boldsymbol{u}_1, \boldsymbol{u}_2, \boldsymbol{u}_3$ の変換を計算すると

$$A^{\mathrm{T}}\boldsymbol{u}_1 = \sqrt{3}\boldsymbol{v}_1, \qquad A^{\mathrm{T}}\boldsymbol{u}_2 = \sqrt{1}\boldsymbol{v}_2, \qquad A^{\mathrm{T}}\boldsymbol{u}_3 = \boldsymbol{0}$$

を得る。したがって，入力側の三次元空間内の単位球を変換すると，二次元空間内で $\sqrt{3}\boldsymbol{v}_1$ と $\sqrt{1}\boldsymbol{v}_2$ を長軸と短軸とする楕円が得られる。長軸 $\sqrt{3}\boldsymbol{v}_1$ に対応する入力が $\boldsymbol{u}_1$，短軸 $\sqrt{1}\boldsymbol{v}_2$ に対応する入力が $\boldsymbol{u}_2$ である。入力 $\boldsymbol{u}_3$ は $\boldsymbol{0}$ に写像されるので，入力側の三次元球が出力側で二次元円に縮退する。

6章

【1】 面積 $\triangle\mathrm{P}_i\mathrm{P}_j\mathrm{P}_k$ は定数であり，$\triangle$ と略記する。また

$$\triangle\mathrm{PP}_j\mathrm{P}_k = \frac{1}{2}\begin{vmatrix} x - x_k & x_j - x_k \\ y - y_k & y_j - y_k \end{vmatrix}$$

で変数 x, y を含む列は1列目のみであるので

$$\frac{\partial}{\partial x}\triangle\mathrm{PP}_j\mathrm{P}_k = \frac{1}{2}\begin{vmatrix} 1 & x_j - x_k \\ 0 & y_j - y_k \end{vmatrix} = \frac{y_j - y_k}{2}$$

$$\frac{\partial}{\partial y}\triangle\mathrm{PP}_j\mathrm{P}_k = \frac{1}{2}\begin{vmatrix} 0 & x_j - x_k \\ 1 & y_j - y_k \end{vmatrix} = \frac{-(x_j - x_k)}{2}$$

したがって

$$\frac{\partial}{\partial x}N_{i,j,k}(x,y) = \frac{y_j - y_k}{2\triangle}, \qquad \frac{\partial}{\partial y}N_{i,j,k}(x,y) = \frac{-(x_j - x_k)}{2\triangle}$$

同様に

$$\frac{\partial}{\partial x}N_{j,k,i}(x,y) = \frac{y_k - y_i}{2\triangle}, \qquad \frac{\partial}{\partial y}N_{j,k,i}(x,y) = \frac{-(x_k - x_i)}{2\triangle}$$

$$\frac{\partial}{\partial x}N_{k,i,j}(x,y) = \frac{y_i - y_j}{2\triangle}, \qquad \frac{\partial}{\partial y}N_{i,j,k}(x,y) = \frac{-(x_i - x_j)}{2\triangle}$$

ここで $\boldsymbol{\gamma}_f = [\,f_i,\, f_j,\, f_k\,]^{\mathrm{T}}$ を導入すると

$$\frac{\partial L_{i,j,k}}{\partial x} = \boldsymbol{a}^{\mathrm{T}}\boldsymbol{\gamma}_f, \qquad \frac{\partial L_{i,j,k}}{\partial y} = \boldsymbol{b}^{\mathrm{T}}\boldsymbol{\gamma}_f$$

を得る。ただし

$$\boldsymbol{a} = \frac{1}{2\triangle}\begin{bmatrix} y_j - y_k \\ y_k - y_i \\ y_i - y_j \end{bmatrix}, \qquad \boldsymbol{b} = \frac{-1}{2\triangle}\begin{bmatrix} x_j - x_k \\ x_k - x_i \\ x_i - x_j \end{bmatrix}$$

$L_{i,j,k,l}(x,y,z)$ に関しても同様に計算できる。体積 $\diamondsuit\mathrm{P}_i\mathrm{P}_j\mathrm{P}_k\mathrm{P}_l$ は定数であり，$\diamondsuit$ と略記する。また，$\boldsymbol{\gamma}_f = [\,f_i,\, f_j,\, f_k,\, f_l\,]^{\mathrm{T}}$ と表す。ここで

$$\Diamond \mathrm{PP}_j \mathrm{P}_k \mathrm{P}_l = \frac{1}{6} \left| \begin{array}{ccc} \boldsymbol{x} - \boldsymbol{x}_l & \boldsymbol{x}_k - \boldsymbol{x}_l & \boldsymbol{x}_j - \boldsymbol{x}_l \end{array} \right|$$

を x に関して偏微分すると

$$\frac{\partial}{\partial x} \Diamond \mathrm{PP}_j \mathrm{P}_k \mathrm{P}_l = \frac{1}{6} \left| \begin{array}{ccc} 1 & x_k - x_l & x_j - x_l \\ 0 & y_k - y_l & y_j - y_l \\ 0 & z_k - z_l & z_j - z_l \end{array} \right| = \left| \begin{array}{cc} y_k - y_l & y_j - y_l \\ z_k - z_l & z_j - z_l \end{array} \right|$$

ほかの偏微分も同様に計算できる。けっきょく

$$\frac{\partial L_{i,j,k,l}}{\partial x} = \boldsymbol{a}^{\mathrm{T}} \boldsymbol{\gamma}_f, \qquad \frac{\partial L_{i,j,k,l}}{\partial y} = \boldsymbol{b}^{\mathrm{T}} \boldsymbol{\gamma}_f, \qquad \frac{\partial L_{i,j,k,l}}{\partial z} = \boldsymbol{c}^{\mathrm{T}} \boldsymbol{\gamma}_f$$

ただし

$$\boldsymbol{a} = \frac{1}{6\Diamond} \begin{bmatrix} -a_{j,k,l} \\ a_{k,l,i} \\ -a_{l,i,j} \\ a_{i,j,k} \end{bmatrix}, \quad \boldsymbol{b} = \frac{1}{6\Diamond} \begin{bmatrix} -b_{j,k,l} \\ b_{k,l,i} \\ -b_{l,i,j} \\ b_{i,j,k} \end{bmatrix}, \quad \boldsymbol{c} = \frac{1}{6\Diamond} \begin{bmatrix} -c_{j,k,l} \\ c_{k,l,i} \\ -c_{l,i,j} \\ c_{i,j,k} \end{bmatrix}$$

$$a_{j,k,l} = (y_j z_k - y_k z_j) + (y_k z_l - y_l z_k) + (y_l z_j - y_j z_l)$$

$$b_{j,k,l} = (z_j x_k - z_k x_j) + (z_k x_l - z_l x_k) + (z_l x_j - z_j x_l)$$

$$c_{j,k,l} = (x_j y_k - x_k y_j) + (x_k y_l - x_l y_k) + (x_l y_j - x_j y_l)$$

【2】 以下のプログラムで微係数 $d_0, d_1, \cdots, d_5$ を計算する。

```
f = [ 3; 2; 4; 5; 4; 2 ];
sz = size(f); n = sz(1);
e1 = ones(n,1);
e0 = 4*ones(n,1); e0(1) = 2; e0(n) = 2;
A = spdiags([e1 e0 e1], -1:1, n, n); % 三重対角行列

b = zeros(n,1);
b(1) = 3*(f(2)-f(1)); b(n) = 3*(f(n)-f(n-1));
b(2:n-1) = 3*(f(3:n)-f(1:n-2));

[U] = chol(A);
y = U'\b;
d = U\y;
```

関数 spdiags は，帯行列（ここでは三重対角行列）を生成する。$f(x)$, $f'(x)$, $f''(x)$ のグラフを解図 **6.1** に示す。

【3】 $(x - x_i)/(x_j - x_i)$ は区間 $[x_i, x_j]$ を $[0, 1]$ に写像する。ここで $\psi_0((x - x_i)/(x_j - x_i))$, $\psi_1((x - x_i)/(x_j - x_i))$ を x で微分すると，$1/(x_j - x_i)\, \psi_0'((x - x_i)/(x_j - x_i))$, $1/(x_j - x_i)\, \psi_1'((x - x_i)/(x_j - x_i))$ となることに注意すると

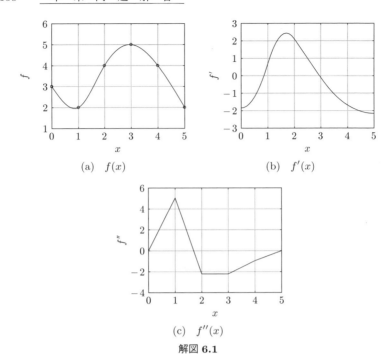

解図 **6.1**

$$f(x) = f_i\,\phi_0\left(\frac{x-x_i}{x_j-x_i}\right) + f_j\,\phi_1\left(\frac{x-x_i}{x_j-x_i}\right)$$
$$+ (x_j - x_i)\left\{d_i\,\psi_0\left(\frac{x-x_i}{x_j-x_i}\right) + d_j\,\psi_1\left(\frac{x-x_i}{x_j-x_i}\right)\right\}$$

を得る。このとき, $f(x_i) = f_i$, $f(x_j) = f_j$ が成り立つ。また

$$f'(x) = \frac{1}{x_j-x_i}\left\{f_i\,\phi_0'\left(\frac{x-x_i}{x_j-x_i}\right) + f_j\,\phi_1'\left(\frac{x-x_i}{x_j-x_i}\right)\right\}$$
$$+ d_i\,\psi_0'\left(\frac{x-x_i}{x_j-x_i}\right) + d_j\,\psi_1'\left(\frac{x-x_i}{x_j-x_i}\right)$$

であり, $f'(x_i) = d_i$, $f'(x_j) = d_j$ が成り立つ。

【4】 (1) 省略

(2) $\{L_0(x)\}^2 = \begin{bmatrix} f_0 & f_1 \end{bmatrix} \begin{bmatrix} \phi_0(x)\phi_0(x) & \phi_0(x)\phi_1(x) \\ \phi_1(x)\phi_0(x) & \phi_1(x)\phi_1(x) \end{bmatrix} \begin{bmatrix} f_0 \\ f_1 \end{bmatrix}$

ならびに

$$\int_0^1 \begin{bmatrix} \phi_0(x)\phi_0(x) & \phi_0(x)\phi_1(x) \\ \phi_1(x)\phi_0(x) & \phi_1(x)\phi_1(x) \end{bmatrix}\,\mathrm{d}x = \frac{1}{6}\begin{bmatrix} 2 & 1 \\ 1 & 2 \end{bmatrix}$$

から示される。

(3) 省略

(4) $\{L_0'(x)\}^2 = \begin{bmatrix} f_0 & f_1 \end{bmatrix} \begin{bmatrix} \phi_0'(x)\phi_0'(x) & \phi_0'(x)\phi_1'(x) \\ \phi_1'(x)\phi_0'(x) & \phi_1'(x)\phi_1'(x) \end{bmatrix} \begin{bmatrix} f_0 \\ f_1 \end{bmatrix}$

ならびに

$$\int_0^1 \begin{bmatrix} \phi_0'(x)\phi_0'(x) & \phi_0'(x)\phi_1'(x) \\ \phi_1'(x)\phi_0'(x) & \phi_1'(x)\phi_1'(x) \end{bmatrix} \mathrm{d}x = \begin{bmatrix} 1 & -1 \\ -1 & 1 \end{bmatrix}$$

から示される。

【5】 (1) 変数変換

$$s = \frac{x - x_i}{x_j - x_i}$$

より

$$\int_{x_i}^{x_j} N_{i,j}(x) \, N_{i,j}(x) \, \mathrm{d}x = \int_0^1 \phi_0(x) \, \phi_0(x) \, (x_j - x_i) \, \mathrm{d}s = \frac{1}{3}(x_j - x_i)$$

ほかも同様に得られる。

(2) (1) の変数変換より

$$N_{i,j}'(x) = \frac{1}{x_j - x_i} \phi_0'(s), \qquad N_{j,i}'(x) = \frac{1}{x_j - x_i} \phi_1'(s)$$

したがって

$$\int_{x_i}^{x_j} N_{i,j}'(x) \, N_{i,j}'(x) \, \mathrm{d}x$$

$$= \int_0^1 \frac{1}{x_j - x_i} \phi_0'(s) \, \frac{1}{x_j - x_i} \phi_1'(s) \, (x_j - x_i) \, \mathrm{d}s = \frac{1}{x_j - x_i}$$

ほかも同様に得られる。

【6】 (1) 省略

(2) 変数変換

$$\begin{bmatrix} x \\ y \end{bmatrix} = \begin{bmatrix} x_j - x_i & x_k - x_i \\ y_j - y_i & y_k - y_i \end{bmatrix} \begin{bmatrix} x' \\ x' \end{bmatrix} + \begin{bmatrix} x_i \\ y_i \end{bmatrix}$$

により，点 $P_i(x_i, y_i)$ は $O(0,0)$ に，点 $P_j(x_j, y_j)$ は $A(1,0)$ に，点 $P_k(x_k, y_k)$ は $B(0,1)$ に写像される。また

$$\mathrm{d}x \, \mathrm{d}y = \begin{vmatrix} x_j - x_i & x_k - x_i \\ y_j - y_i & y_k - y_i \end{vmatrix} \mathrm{d}x' \, \mathrm{d}y' = 2\triangle \, \mathrm{d}x' \, \mathrm{d}y'$$

したがって

$$\int_\triangle N_{i,j,k}^2 \, \mathrm{d}x \, \mathrm{d}y = \int_\triangle \phi_O^2 \, 2\triangle \, \mathrm{d}x' \, \mathrm{d}y' = \frac{\triangle}{6}$$

$$\int_\triangle N_{i,j,k}\, N_{j,k,i}\, \mathrm{d}x\, \mathrm{d}y \;=\; \int_\triangle \phi_\mathrm{O}\phi_\mathrm{A}\, 2\triangle\, \mathrm{d}x'\, \mathrm{d}y' \;=\; \frac{\triangle}{12}$$

【7】 例えば，$n = 6$ とすると条件は

$$Q_0''(0) \;=\; Q_{-1}''(0) \qquad (x = 0 \text{ で 2 階微分が連続})$$

$$Q_1''(1) \;=\; Q_0''(1) \qquad (x = 1 \text{ で 2 階微分が連続})$$

$$Q_2''(2) \;=\; Q_1''(2) \qquad (x = 2 \text{ で 2 階微分が連続})$$

$$Q_3''(3) \;=\; Q_2''(3) \qquad (x = 3 \text{ で 2 階微分が連続})$$

$$Q_4''(4) \;=\; Q_3''(4) \qquad (x = 4 \text{ で 2 階微分が連続})$$

$$Q_5''(5) \;=\; Q_4''(5) \qquad (x = 5 \text{ で 2 階微分が連続})$$

これより

$$-6f_0 + 6f_1 - 4d_0 - 2d_1 \;=\; 6f_{-1} - 6f_0 + 2d_{-1} + 4d_0$$

$$-6f_1 + 6f_2 - 4d_1 - 2d_2 \;=\; 6f_0 - 6f_1 + 2d_0 + 4d_1$$

$$-6f_2 + 6f_3 - 4d_2 - 2d_3 \;=\; 6f_1 - 6f_2 + 2d_1 + 4d_2$$

$$-6f_3 + 6f_4 - 4d_3 - 2d_4 \;=\; 6f_2 - 6f_3 + 2d_2 + 4d_3$$

$$-6f_4 + 6f_5 - 4d_4 - 2d_5 \;=\; 6f_3 - 6f_4 + 2d_3 + 4d_4$$

$$-6f_5 + 6f_6 - 4d_5 - 2d_6 \;=\; 6f_4 - 6f_5 + 2d_4 + 4d_5$$

周期性より，$f_{-1} = f_5$，$d_{-1} = d_5$ ならびに $f_6 = f_0$，$d_6 = d_0$ が成り立つので

$$\begin{bmatrix} 4 & 1 & & & & 1 \\ 1 & 4 & 1 & & & \\ & 1 & 4 & 1 & & \\ & & 1 & 4 & 1 & \\ & & & 1 & 4 & 1 \\ 1 & & & & 1 & 4 \end{bmatrix} \begin{bmatrix} d_0 \\ d_1 \\ d_2 \\ d_3 \\ d_4 \\ d_5 \end{bmatrix} = \begin{bmatrix} 3(f_1 - f_5) \\ 3(f_2 - f_0) \\ 3(f_3 - f_1) \\ 3(f_4 - f_2) \\ 3(f_5 - f_3) \\ 3(f_0 - f_4) \end{bmatrix}$$

7 章

【1】 $\tau > 0$ のとき $I \to -\infty$ $(\theta \to \infty)$，$\tau < 0$ のとき $I \to -\infty$ $(\theta \to -\infty)$ となり，$I(\theta)$ の最小値は得られない。静力学では，$\theta = \alpha$ と $\theta = \alpha + 2\pi$ は同じ状態を表す。したがって，状態が一意に表されるように，区間制約を課す。一方，動力学では，関数 $\theta(t)$ が過去の状態を含んでいるため，$\theta = \alpha$ と $\theta = \alpha + 2\pi$ は異なる状態を表しており，結果として区間制約は不要である。

【2】 ラグランジュの運動方程式は，$\theta_1, \theta_2, \theta_3, \theta_4$ に関する 4 個の式からなる。$\mathcal{L}_{\mathrm{left}}$ の寄与は

$$-\begin{bmatrix} H_{11} & H_{12} \\ H_{12} & H_{22} \end{bmatrix} \begin{bmatrix} \ddot{\theta}_1 \\ \ddot{\theta}_2 \end{bmatrix} + \begin{bmatrix} L(\theta_1,\theta_2,\dot{\theta}_1,\dot{\theta}_2; P_1, P_2) + \tau_1 \\ U(\theta_1,\theta_2,\dot{\theta}_1,\dot{\theta}_2; P_1, P_2) \end{bmatrix}, \quad \begin{bmatrix} 0 \\ 0 \end{bmatrix}$$

$\mathcal{L}_{\mathrm{right}}$ の寄与は

$$\begin{bmatrix} 0 \\ 0 \end{bmatrix}, \quad -\begin{bmatrix} H_{33} & H_{34} \\ H_{34} & H_{44} \end{bmatrix} \begin{bmatrix} \ddot{\theta}_3 \\ \ddot{\theta}_4 \end{bmatrix} + \begin{bmatrix} L(\theta_3,\theta_4,\dot{\theta}_3,\dot{\theta}_4; P_3, P_4) + \tau_3 \\ U(\theta_3,\theta_4,\dot{\theta}_3,\dot{\theta}_4; P_3, P_4) \end{bmatrix}$$

制約を表す項 $\lambda_x X + \lambda_y Y$ の寄与は $\lambda_x \boldsymbol{g}_x + \lambda_y \boldsymbol{g}_y$ である(3章 章末問題【6】)。角度 θ_i の時間微分を ω_i で表す。$\boldsymbol{\omega} = [\omega_1, \omega_2, \omega_3, \omega_4]^{\mathrm{T}}$, $\boldsymbol{\lambda} = [\lambda_x, \lambda_y]^{\mathrm{T}}$ と定め

$$H_{\mathrm{left}} = \begin{bmatrix} H_{11} & H_{12} \\ H_{12} & H_{22} \end{bmatrix}, \quad \boldsymbol{\tau}_{\mathrm{left}} = \begin{bmatrix} L(\theta_1,\theta_2,\omega_1,\omega_2;\cdots) + \tau_1 \\ U(\theta_1,\theta_2,\omega_1,\omega_2;\cdots) \end{bmatrix}$$

$$H_{\mathrm{right}} = \begin{bmatrix} H_{33} & H_{34} \\ H_{34} & H_{44} \end{bmatrix}, \quad \boldsymbol{\tau}_{\mathrm{right}} = \begin{bmatrix} L(\theta_3,\theta_4,\omega_3,\omega_4;\cdots) + \tau_3 \\ U(\theta_3,\theta_4,\omega_3,\omega_4;\cdots) \end{bmatrix}$$

とおくと,ラグランジュの運動方程式は

$$\begin{bmatrix} H_{\mathrm{left}} & & -\boldsymbol{g}_x & -\boldsymbol{g}_y \\ & H_{\mathrm{right}} & & \end{bmatrix} \begin{bmatrix} \dot{\boldsymbol{\omega}} \\ \boldsymbol{\lambda} \end{bmatrix} = \begin{bmatrix} \boldsymbol{\tau}_{\mathrm{left}} \\ \boldsymbol{\tau}_{\mathrm{right}} \end{bmatrix}$$

制約安定化の式 (3章 章末問題【6】) は

$$\begin{bmatrix} -\boldsymbol{g}_x^{\mathrm{T}} & O_{2\times 2} \\ -\boldsymbol{g}_y^{\mathrm{T}} & \end{bmatrix} \begin{bmatrix} \dot{\boldsymbol{\omega}} \\ \boldsymbol{\lambda} \end{bmatrix} = \begin{bmatrix} \boldsymbol{\omega}^{\mathrm{T}} H_x \boldsymbol{\omega} + 2\alpha \boldsymbol{g}_x^{\mathrm{T}} \boldsymbol{\omega} + \alpha^2 X \\ \boldsymbol{\omega}^{\mathrm{T}} H_y \boldsymbol{\omega} + 2\alpha \boldsymbol{g}_y^{\mathrm{T}} \boldsymbol{\omega} + \alpha^2 Y \end{bmatrix}$$

以上の二式をまとめ,標準形を得る。

3章の章末問題【5】と同じリンクパラメータを用い,$K_{\mathrm{p}} = 100$, $K_{\mathrm{i}} = 10.0$, $K_{\mathrm{d}} = 10.0$ と設定したときの計算結果を,**解図 7.1** に示す。関節角の初期値は,$\theta_1 = \pi/2$, $\theta_2 = -\pi/6$, $\theta_3 = \pi/2$, $\theta_4 = \pi/6$ である。閉リンク機構の形状を,**解図 7.2** に示す。

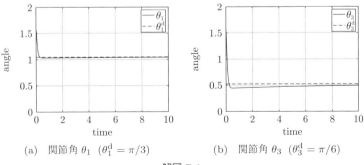

(a) 関節角 θ_1 ($\theta_1^{\mathrm{d}} = \pi/3$)　　(b) 関節角 θ_3 ($\theta_3^{\mathrm{d}} = \pi/6$)

解図 7.1

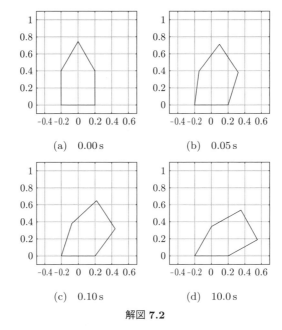

解図 **7.2**

【3】(1) ラグランジアンは
$$\mathcal{L} = \frac{1}{2}m(\dot{r}^2 + r^2\dot{\theta}^2) + \frac{ma}{r}$$
このとき
$$\frac{\partial \mathcal{L}}{\partial r} = mr\dot{\theta}^2 - \frac{ma}{r^2}, \quad \frac{\partial \mathcal{L}}{\partial \dot{r}} = m\dot{r}, \quad \frac{d}{dt}\frac{\partial \mathcal{L}}{\partial \dot{r}} = m\ddot{r}$$
$$\frac{\partial \mathcal{L}}{\partial \theta} = 0, \quad \frac{\partial \mathcal{L}}{\partial \dot{\theta}} = mr^2\dot{\theta}, \quad \frac{d}{dt}\frac{\partial \mathcal{L}}{\partial \dot{\theta}} = 2mr\dot{r}\dot{\theta} + mr^2\ddot{\theta}$$
したがって,ラグランジュの運動方程式より
$$\ddot{r} = r\dot{\theta}^2 - \frac{a}{r^2}, \quad \ddot{\theta} = -\frac{2\dot{r}\dot{\theta}}{r}$$

(2) $r(0) = 2$,$\theta(0) = 0$ と定め,$\dot{r}(0)$,$\dot{\theta}(0)$ に異なる値を与えて計算した結果を**解図 7.3** に示す。矢印は初期速度,矢印の始点は初期位置を表す。

【4】(1) 長さが du である線分 $P(u) P(u+du)$ の水平方向の射影は $\cos\theta(u)\,du$,鉛直方向の射影は $\sin\theta(u)\,du$ で与えられる。これを区間 $[0, s]$ で積分すると点 $P(s)$ の座標が得られる。

(2) 微小区間 $[s, s+ds]$ における曲率は $\{\theta(s+ds) - \theta(s)\}/ds = \theta'(s)$ で与えられる。曲げモーメントが $R\theta'(s)$ で与えられるので,曲げポテンシャルエネルギーは $(1/2)R\{\theta'(s)\}^2$ と表される。これを全区間で積分すると,曲げポテンシャルエネル

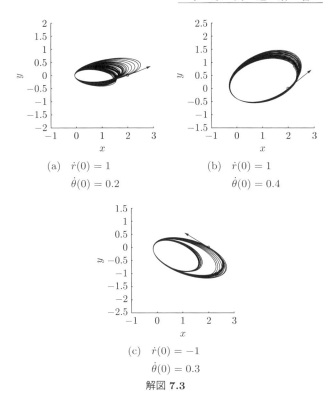

解図 7.3

ギーを得る。

(3) 両端で紙は水平であるので，制約 $\theta(0) = 0$ と $\theta(L) = 0$ を得る。左端を原点に固定すると，右端の x, y 座標が $l, 0$ であるので，制約 $x(L) = l$ ならびに $y(L) = 0$ を得る。これらの制約のもとで，静力学の変分原理を適用する。

【5】 振り子の支点から距離 l_0 下方の点を原点とする。質点の位置を (x, y) で表すと，系のラグランジアンは式 (7.14) で表される。時刻 t における棒の長さ $l(t)$ の 1 階時間微分は $\dot{l} = A\cos\omega t$，2 階時間微分は $\ddot{l} = -A\sin\omega t$ である。質点と振り子の支点との距離が $l(t)$ に等しいという制約は

$$R(x, y) = \{x^2 + (y - l_0)^2\}^{\frac{1}{2}} - l(t) = 0$$

と表される。このとき

$$\dot{R} = R_x \dot{x} + R_y \dot{y} - \dot{l} = R_x v_x + R_y v_y - \dot{l}$$

$$\ddot{R} = R_x \dot{v}_x + R_y \dot{v}_y + \begin{bmatrix} v_x & v_y \end{bmatrix} \begin{bmatrix} R_{xx} & R_{xy} \\ R_{xy} & R_{yy} \end{bmatrix} \begin{bmatrix} v_x \\ v_y \end{bmatrix} - \ddot{l}$$

したがって，制約安定化の式は

$$-R_x(x,y)\,\dot{v}_x - R_y(x,y)\,\dot{v}_y = C(x,y,v_x,v_y,t)$$

ただし

$$\begin{aligned} C(x,y,v_x,v_y,t) &= R_{xx}(x,y)\,v_x^2 + R_{yy}(x,y)\,v_y^2 + 2R_{xy}(x,y)\,v_x v_y - \ddot{l} \\ &\quad + 2\alpha\{R_x(x,y)\,v_x + R_y(x,y)\,v_y - \dot{l}\} + \alpha^2 R(x,y) \end{aligned}$$

となる。$m = 0.01$, $l_0 = 6.0$, $g = 9.8$, $A = 1.00$, $\omega = 2\pi/4$ と定め，初期値 $\theta(0) = \pi/6$, $\omega(0) = 0$ に対応する初期値 $x(0) = l_0 \sin\theta(0)$, $y(0) = l_0(1-\cos\theta(0))$, $v_x(0) = 0, v_y(0) = 0$ のもとで，制約付きの常微分方程式を解く。計算結果を**解図 7.4** に示す。

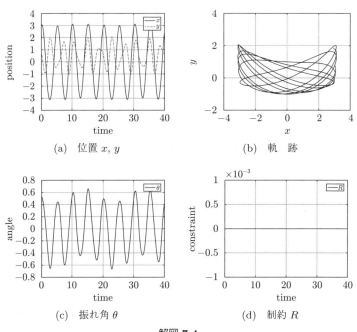

解図 7.4

【6】 (1) 省略

(2) $\boldsymbol{\omega} = 2H\dot{\boldsymbol{q}} = -2\dot{H}\boldsymbol{q}$ より

$$T = 2\dot{\boldsymbol{q}}^{\mathrm{T}} H^{\mathrm{T}} J H \dot{\boldsymbol{q}} = 2\boldsymbol{q}^{\mathrm{T}} \dot{H}^{\mathrm{T}} J \dot{H} \boldsymbol{q}$$

行列 $\dot{H}^{\mathrm{T}} J \dot{H}$ は $\boldsymbol{q}$ の要素を含まないので

$$\frac{\partial T}{\partial \boldsymbol{q}} = \frac{\partial}{\partial \boldsymbol{q}}\left(2\boldsymbol{q}^{\mathrm{T}}\dot{H}^{\mathrm{T}} J \dot{H} \boldsymbol{q}\right) = 4\dot{H}^{\mathrm{T}} J \dot{H} \boldsymbol{q}$$

行列 $H^{\mathrm{T}} J H$ は $\dot{\boldsymbol{q}}$ の要素を含まないので

$$\frac{\partial T}{\partial \dot{\boldsymbol{q}}} = \frac{\partial}{\partial \dot{\boldsymbol{q}}}\left(2\dot{\boldsymbol{q}}^{\mathrm{T}} H^{\mathrm{T}} J H \dot{\boldsymbol{q}}\right) = 4 H^{\mathrm{T}} J H \dot{\boldsymbol{q}}$$

(3) $\dot{H} \boldsymbol{q} = -H \dot{\boldsymbol{q}}$ より

$$\frac{\partial T}{\partial \boldsymbol{q}} = 4\dot{H}^{\mathrm{T}} J \dot{H} \boldsymbol{q} = -4\dot{H}^{\mathrm{T}} J H \dot{\boldsymbol{q}}$$

偏微分 $\partial T/\partial \dot{\boldsymbol{q}}$ の時間微分を計算する。$\dot{H} \dot{\boldsymbol{q}} = \boldsymbol{0}$ に注意すると

$$\frac{\mathrm{d}}{\mathrm{d}t}\frac{\partial T}{\partial \dot{\boldsymbol{q}}} = 4\dot{H}^{\mathrm{T}} J H \dot{\boldsymbol{q}} + 4 H^{\mathrm{T}} J \dot{H} \dot{\boldsymbol{q}} + 4 H^{\mathrm{T}} J H \ddot{\boldsymbol{q}}$$

$$= 4\dot{H}^{\mathrm{T}} J H \dot{\boldsymbol{q}} + 4 H^{\mathrm{T}} J H \ddot{\boldsymbol{q}}$$

したがって，運動エネルギー T の寄与は

$$\frac{\partial T}{\partial \boldsymbol{q}} - \frac{\mathrm{d}}{\mathrm{d}t}\frac{\partial T}{\partial \dot{\boldsymbol{q}}} = -8\dot{H}^{\mathrm{T}} J H \dot{\boldsymbol{q}} - 4 H^{\mathrm{T}} J H \ddot{\boldsymbol{q}}$$

制約 $Q = \boldsymbol{q}^{\mathrm{T}}\boldsymbol{q} - 1$ の寄与は，$2\boldsymbol{q}$ である。ラグランジアン $\mathcal{L} = T + \lambda Q$ に対して，運動方程式を求めると

$$-8\dot{H}^{\mathrm{T}} J H \dot{\boldsymbol{q}} - 4 H^{\mathrm{T}} J H \ddot{\boldsymbol{q}} + 2\lambda \boldsymbol{q} = \boldsymbol{0}$$

上式の両辺に左から H を乗ずると，$H H^{\mathrm{T}} = I_3$，$H \boldsymbol{q} = \boldsymbol{0}$ より

$$J H \ddot{\boldsymbol{q}} = -2 H \dot{H}^{\mathrm{T}} J H \dot{\boldsymbol{q}}$$

J は正則であるので

$$H \ddot{\boldsymbol{q}} = -2 J^{-1} H \dot{H}^{\mathrm{T}} J H \dot{\boldsymbol{q}}$$

(4) $Q = \boldsymbol{q}^{\mathrm{T}}\boldsymbol{q} - 1$，$\dot{Q} = 2\boldsymbol{q}^{\mathrm{T}}\dot{\boldsymbol{q}}$，$\ddot{Q} = 2\dot{\boldsymbol{q}}^{\mathrm{T}}\dot{\boldsymbol{q}} + 2\boldsymbol{q}^{\mathrm{T}}\ddot{\boldsymbol{q}}$ を，$\ddot{Q} + 2\alpha\dot{Q} + \alpha^2 Q = 0$ に代入する。

(5) $\boldsymbol{q}^{\mathrm{T}}\boldsymbol{q} = 1$，$H \boldsymbol{q} = \boldsymbol{0}$，$H H^{\mathrm{T}} = I_{3\times3}$ より

$$\hat{H}\hat{H}^{\mathrm{T}} = \left[\begin{array}{c} -\boldsymbol{q}^{\mathrm{T}} \\ \hline H \end{array}\right]\left[\begin{array}{c|c} -\boldsymbol{q} & H^{\mathrm{T}} \end{array}\right] = \left[\begin{array}{c|c} \boldsymbol{q}^{\mathrm{T}}\boldsymbol{q} & -(H\boldsymbol{q})^{\mathrm{T}} \\ \hline -H\boldsymbol{q} & H H^{\mathrm{T}} \end{array}\right] = I_{4\times4}$$

(6) 制約安定化の式とラグランジュの運動方程式をまとめると

$$\left[\begin{array}{c} -\boldsymbol{q}^{\mathrm{T}} \\ \hline H \end{array}\right]\ddot{\boldsymbol{q}} = \left[\begin{array}{c} r(\boldsymbol{q}, \dot{\boldsymbol{q}}) \\ \hline -2 J^{-1} H \dot{H}^{\mathrm{T}} J H \dot{\boldsymbol{q}} \end{array}\right]$$

左辺の係数行列 $\hat{H}$ は 4 次の直交行列であるので，$\hat{H}^{\mathrm{T}}\hat{H} = I_4$ が成り立つ。上式の両辺に左から $\hat{H}^{\mathrm{T}}$ を乗ずると

$$\ddot{\boldsymbol{q}} = \left[\begin{array}{c|c} -\boldsymbol{q} & H^{\mathrm{T}} \end{array}\right] \left[\frac{r(\boldsymbol{q},\dot{\boldsymbol{q}})}{-2J^{-1}H\dot{H}^{\mathrm{T}}JH\dot{\boldsymbol{q}}}\right]$$

$$= -r(\boldsymbol{q},\dot{\boldsymbol{q}})\boldsymbol{q} - 2H^{\mathrm{T}}J^{-1}H\dot{H}^{\mathrm{T}}JH\dot{\boldsymbol{q}}$$

$H\dot{H}^{\mathrm{T}}$ は 3 次の歪対称行列であり，その $(3,2)$ 要素，$(1,3)$ 要素，$(2,1)$ 要素は，ベクトル $H\dot{\boldsymbol{q}}$ の第 1 要素，第 2 要素，第 3 要素に一致する。したがって，任意の 3 次ベクトル $\boldsymbol{x}$ に対して $(H\dot{H}^{\mathrm{T}})\boldsymbol{x} = (H\dot{\boldsymbol{q}}) \times \boldsymbol{x}$ が成り立つ。これより，回転の運動方程式

$$\ddot{\boldsymbol{q}} = -r(\boldsymbol{q},\dot{\boldsymbol{q}})\boldsymbol{q} - 2H^{\mathrm{T}}J^{-1}\left\{(H\dot{\boldsymbol{q}}) \times (JH\dot{\boldsymbol{q}})\right\}$$

を得る。

8 章

【1】 原点以外の点は成分として δ_1 を 1 個，δ_2 を $(n-1)$ 個含む。したがって原点とそれ以外の点との距離の二乗は

$$\delta_1^2 + (n-1)\delta_2^2$$

$$= \frac{(n+1) + (n-1)^2 + 2(n-1)\sqrt{n+1}}{2n^2} + \frac{(n-1)(n+2-2\sqrt{n+1})}{2n^2}$$

$$= 1$$

原点以外の異なる二点を結ぶベクトルは成分として $(\delta_1 - \delta_2)$ を 1 個，$(\delta_2 - \delta_1)$ を 1 個，0 を $(n-2)$ 個含む。したがって，原点以外の異なる二点間の距離の二乗は

$$(\delta_1 - \delta_2)^2 + (\delta_2 - \delta_1)^2 = 2\left(\frac{n}{\sqrt{2}n}\right)^2 = 1$$

以上より，すべての辺の長さが 1 であることがわかる。

【2】 目的関数 objective を記述し，ファイル objective.m に保存する。

```
function f = objective ( x )
    x1 = x(1); x2 = x(2);
    f = x1^2 + (1/3)*x2^2;
end
```

等式制約を表す関数 cond を記述し，ファイル cond.m に保存する。

```
function v = cond ( x )
    x1 = x(1); x2 = x(2);
    cond1 = -x1-x2+1;
    v = [ cond1 ];
end
```

不等式制約を表す関数 ineq を記述し，ファイル ineq.m に保存する。

```
function v = ineq( x )
    x1 = x(1); x2 = x(2);
    ineq1 = -x1;
    ineq2 = -x2;
    v = [ ineq1; ineq2 ];
end
```

拡張ラグランジュ関数を記述し，ファイル augmented_Lagrange.m に保存する。

```
function y = augmented_Lagrange(f,g,h,x,lambda,mu,slackr,slacks)
    fvalue = f(x);      gvalue = g(x);      hvalue = h(x);
    condeval = lambda.*gvalue + (1/2)*slackr.*(gvalue.^2);
    ineqeval =      mu.*hvalue + (1/2)*slacks.*(hvalue.^2);
    for j = find(mu + slacks.*hvalue < 0)
        ineqeval(j) = -(1/2)*(mu(j).^2)./slacks(j);
    end
    y = fvalue + sum(condeval) + sum(ineqeval);
end
```

乗数法を実行する関数を記述し，ファイル multiplier_method.m に保存する。

```
function [ xmin, fmin ] = multiplier_method( f, g, h, x )
  alpha = 10; beta = 1/4; eps = 1e-5;
  gs = size(g(x)); lambda = zeros(gs); slackr = 10*ones(gs);
  hs = size(h(x));      mu = zeros(hs); slacks = 10*ones(hs);
  c = 1e+24;
  options = optimset('TolFun',1e-20);

  for iteration = 1:1000
    L = @(x) augmented_Lagrange(f,g,h,x,lambda,mu,slackr,slacks);
    x = fminsearch(L, x, options);
    G = abs(g(x)); H = abs(max(h(x), -mu./slacks));
    Gmax = max(G); Hmax = max(H);
    if (isempty(G)); Gmax = 0.00; end
    if (isempty(H)); Hmax = 0.00; end
    if (Gmax < c && Hmax < c)
      c = max(Gmax, Hmax);
      if (c <= eps)
        xmin = x; fmin = f(x);
        return;
      end
      lambda = lambda + slackr.*g(x);
```

166　　章　末　問　題　解　答

```
      mu = max(mu + slacks.*h(x), 0);
    end

    for i = find(G <= beta*c)
      slackr(i) = alpha*slackr(i);
    end
    for j = find(H <= beta*c)
      slacks(j) = alpha*slacks(j);
    end
  end
end
```

関数 optimset を用いて最適化の終了条件を指定している。与えられた制約付き最小
化問題は

```
xinit = [1;2];
[xmin, fmin] = multiplier_method(@objective, @cond, @ineq, xinit);
```

で解くことができる。なお，等式制約や不等式制約がない場合は，空の行列を返すよ
うにファイル cond.m やファイル ineq.m に記述する。例えば

```
function v = cond ( x )
    v = [];
end
```

は，等式制約がないことを表す。

【 3 】　目的関数

```
function S = area (q)
    x = q(1); y = q(2); z = q(3);
    S = 2*(x*y + y*z + z*x);
end
```

等式制約

```
function v = cond_param (q,a)
    x = q(1); y = q(2); z = q(3);
    v = [ x*y*z - a^3 ];
end
```

不等式制約

```
function v = ineq(q)
    x = q(1); y = q(2); z = q(3);
```

```
        v = [ -x; -y; -z ];
end
```

を準備し，下記を実行する．

```
a = 5;
cond = @(q) cond_param(q,a);
qinit = [1;1;1];
[qopt,fopt] = multiplier_method(@area, cond, @ineq, qinit);
```

【4】 終点の座標を $(x_e, y_e) = (10, 3)$ とし，区間 $[0, 10]$ を 5 個の小区間に等分割して計算した結果を**解図 8.1**(a) に示す．この場合，$x = 2, 4, 6, 8$ における y の値が変数であり，変数の個数は 4 である．区間 $[0, 10]$ を 10 個の小区間に等分割して計算した結果を解図 (b) に示す．この場合，$x = 1, 2 \cdots, 9$ における y の値が変数であり，変数の個数は 9 である．区間 $[0, 10]$ を 20 個の小区間に等分割して計算した結果を解図 (c) に示す．この場合，$x = 0.5, 1.0 \cdots, 9.5$ における y の値が変数であり，変数の個数は 19 である．これらの計算で得られた積分の値はそれぞれ，8.5363，8.4180，8.3672 であり，分割数が多くなると，積分の値が小さくなっていることがわかる．一方，分割数が多くなると，計算時間が長くなる．

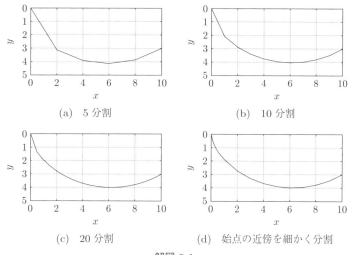

(a) 5 分割   (b) 10 分割

(c) 20 分割   (d) 始点の近傍を細かく分割

解図 8.1

計算結果を見ると，始点の近傍で y の値が大きく変化していることがわかる．そこで，始点の近傍で区間を細かく分割する．ここで，節点の x 座標を $x = 0.1, 0.2, \cdots, 0.9, 1, 2, \cdots, 9$ とおき，これらに対応する y の値を変数として計算した結果を解図 (d) に示す．

この場合，変数の個数は 18 である．得られた積分の値は 8.3379 である．図 (c) とほぼ等しい個数の変数で，始点の近傍で関数が滑らかになり，積分の値が小さくなっていることがわかる．なお，最速降下曲線はサイクロイドと呼ばれる曲線に一致することが知られている．

【5】 時刻を与える列ベクトルを time，信号の値を与える列ベクトルを signal で表す．周波数 f を与えて，振幅と位相差を求め，誤差を計算する関数は

```
function [sq_error,amp,phase] = est_amp_phase(time,signal,f)
  S = [ sin(2*pi*f*time), -cos(2*pi*f*time) ];
  b = (S'*S)\(S'*signal);
  p = b(1); q = b(2);
  amp = sqrt(p*p+q*q);
  phase = atan2(q,p);
  est_signal = amp*sin(2*pi*f*time - phase);
  sz = size(time);
  sq_error = sum((signal - est_signal).^2)/sz(1);
end
```

$f = 5.01$, $A = 2.0$, $\delta = \pi/6$, $\alpha = 1.2$, $T = 0.001$ として，正弦波の信号を模擬的に生成する．周波数の値はおおよそ 5 であり，その範囲を $[4.6, 5.4]$ と仮定する．

```
est_freq = @(f) est_amp_phase(time, signal, f);
freq = fminbnd(est_freq, 4.6, 5.4);
```

により，誤差が最小となる周波数を求める．その結果，freq = 5.0100 を得た．関数 fminbnd は，指定した区間で 1 変数関数の最小値を求める．

【6】 $x_0 = 2.00$, $\epsilon = 0.01$ と定めて解くと，最適解は $b^* = 4.9570$ でそのときの整

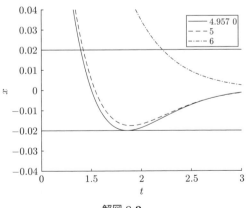

解図 8.2

定時間は 1.398 0 であることがわかる。$b = b^*, 5, 6$ に対して，$x(t)$ のグラフを描く
と，**解図 8.2** を得る。$b = 6$ は臨界減衰に相当する。$b = b^*$ のとき，臨界減衰より早
く整定することがわかる。また，$b = b^*$ のとき，$x(t)$ のグラフは $x = \pm\epsilon x_0$ のどち
らかに接する。

9 章

【1】 小区間 $[x_i, x_j]$ における重力ポテンシャルエネルギーを求めると

$$-\int_{x_i}^{x_j} \rho A g \{u_i N_{i,j}(x) + u_j N_{j,i}(x)\} \, \mathrm{d}x = -\rho A g(u_i + u_j)\frac{h}{2}$$

各小区間における重力ポテンシャルエネルギーを足し合わせると

$$U_{\mathrm{grav}} = -\boldsymbol{g}^{\mathrm{T}}\boldsymbol{u}_{\mathrm{N}}$$

ここで

$$\boldsymbol{g} = \frac{\rho A g h}{2}\begin{bmatrix} 1 & 2 & 2 & 2 & 2 & 2 & 1 \end{bmatrix}^{\mathrm{T}}$$

となる。弾性変形の計算には，静力学の変分原理

$$\min \ U = \frac{1}{2}\boldsymbol{u}_{\mathrm{N}}^{\mathrm{T}}K\boldsymbol{u}_{\mathrm{N}} - \boldsymbol{g}^{\mathrm{T}}\boldsymbol{u}_{\mathrm{N}}$$

$$\text{subject to} \ \boldsymbol{a}^{\mathrm{T}}\boldsymbol{u}_{\mathrm{N}} = 0$$

を適用する。ただし $\boldsymbol{a} = [1, 0, \cdots, 0]^{\mathrm{T}}$ である。これより連立一次方程式

$$\begin{bmatrix} K & -\boldsymbol{a} \\ -\boldsymbol{a}^{\mathrm{T}} & 0 \end{bmatrix}\begin{bmatrix} \boldsymbol{u}_{\mathrm{N}} \\ \lambda \end{bmatrix} = \begin{bmatrix} \boldsymbol{g} \\ 0 \end{bmatrix}$$

を得る。

【2】 (1)

```
function [Jlambda_ijk,Jmu_ijk] = partial_matrices(xi,yi,xj,yj,xk,yk,h)
    S = (1/2)*det([xj-xi, xk-xi; yj-yi, yk-yi]);
    a =    1/(2*S)*[ yj-yk; yk-yi; yi-yj ];
    b = (-1)/(2*S)*[ xj-xk; xk-xi; xi-xj ];
    luu = (h*S)*a*a'; luv = (h*S)*a*b';
    lvu = (h*S)*b*a'; lvv = (h*S)*b*b';
    muu = 2*luu + lvv; muv = lvu;
    mvu = luv; mvv = 2*lvv + luu;
    l = [ luu, luv; lvu, lvv ];
    m = [ muu, muv; mvu, mvv ];
    Jlambda_ijk = l([1,4,2,5,3,6], [1,4,2,5,3,6]);
    Jmu_ijk     = m([1,4,2,5,3,6], [1,4,2,5,3,6]);
end
```

(2)

```
function [Jlambda,Jmu] = connection_matrices(point,triangle,h)
    sz = size(point); ns = 2*sz(1);
    Jlambda = zeros(ns,ns);
    Jmu     = zeros(ns,ns);
    for row = triangle'
        i = row(1); j = row(2); k = row(3);
        xi = point(i,1); yi = point(i,2);
        xj = point(j,1); yj = point(j,2);
        xk = point(k,1); yk = point(k,2);
        [Jlambda_ijk,Jmu_ijk] = partial_matrices(xi,yi,xj,yj,xk,yk,h)
        p = [2*i-1, 2*i, 2*j-1, 2*j, 2*k-1, 2*k];
        Jlambda(p,p) = Jlambda(p,p) + Jlambda_ijk;
        Jmu(p,p)     = Jmu(p,p)     + Jmu_ijk;
    end
end
```

【3】 式 (9.31) より

$$
\varepsilon^{\mathrm{T}} D \varepsilon = \varepsilon^{\mathrm{T}} \left(\lambda \begin{bmatrix} 1 & 1 & 0 \\ 1 & 1 & 0 \\ 0 & 0 & 0 \end{bmatrix} + \lambda \begin{bmatrix} 2 & 0 & 0 \\ 0 & 2 & 0 \\ 0 & 0 & 1 \end{bmatrix} \right) \varepsilon
$$
$$
= \lambda (\boldsymbol{a}^{\mathrm{T}} \boldsymbol{\gamma}_u + \boldsymbol{b}^{\mathrm{T}} \boldsymbol{\gamma}_v)^2 + \mu \{ 2(\boldsymbol{a}^{\mathrm{T}} \boldsymbol{\gamma}_u)^2 + 2(\boldsymbol{b}^{\mathrm{T}} \boldsymbol{\gamma}_v)^2 + (\boldsymbol{b}^{\mathrm{T}} \boldsymbol{\gamma}_u + \boldsymbol{a}^{\mathrm{T}} \boldsymbol{\gamma}_v)^2 \}
$$

上式の各項は定数であるので，面積積分は $\triangle$ を乗ずることで得られる。また，ベクトル $\boldsymbol{x}$, $\boldsymbol{y}$ に対して，$(\boldsymbol{x}^{\mathrm{T}} \boldsymbol{y})^2 = (\boldsymbol{x}^{\mathrm{T}} \boldsymbol{y})^{\mathrm{T}} (\boldsymbol{x}^{\mathrm{T}} \boldsymbol{y}) = \boldsymbol{y}^{\mathrm{T}} \boldsymbol{x} \boldsymbol{x}^{\mathrm{T}} \boldsymbol{y}$ が成り立つので

$$
\int_{\triangle} (\boldsymbol{a}^{\mathrm{T}} \boldsymbol{\gamma}_u + \boldsymbol{b}^{\mathrm{T}} \boldsymbol{\gamma}_v)^2 \, h \, \mathrm{d}S
$$
$$
= \boldsymbol{\gamma}_u^{\mathrm{T}} (\boldsymbol{a}\boldsymbol{a}^{\mathrm{T}} h\triangle) \boldsymbol{\gamma}_u + \boldsymbol{\gamma}_u^{\mathrm{T}} (\boldsymbol{a}\boldsymbol{b}^{\mathrm{T}} h\triangle) \boldsymbol{\gamma}_v + \boldsymbol{\gamma}_v^{\mathrm{T}} (\boldsymbol{b}\boldsymbol{a}^{\mathrm{T}} h\triangle) \boldsymbol{\gamma}_u + \boldsymbol{\gamma}_v^{\mathrm{T}} (\boldsymbol{b}\boldsymbol{b}^{\mathrm{T}} h\triangle) \boldsymbol{\gamma}_v
$$
$$
= \begin{bmatrix} \boldsymbol{\gamma}_u^{\mathrm{T}} & \boldsymbol{\gamma}_v^{\mathrm{T}} \end{bmatrix} \begin{bmatrix} H_\lambda^{uu} & H_\lambda^{uv} \\ H_\lambda^{vu} & H_\lambda^{vv} \end{bmatrix} \begin{bmatrix} \boldsymbol{\gamma}_u \\ \boldsymbol{\gamma}_v \end{bmatrix}
$$

同様に

$$
\int_{\triangle} \{ 2(\boldsymbol{a}^{\mathrm{T}} \boldsymbol{\gamma}_u)^2 + 2(\boldsymbol{b}^{\mathrm{T}} \boldsymbol{\gamma}_v)^2 + (\boldsymbol{b}^{\mathrm{T}} \boldsymbol{\gamma}_u + \boldsymbol{a}^{\mathrm{T}} \boldsymbol{\gamma}_v)^2 \} \, h \, \mathrm{d}S
$$
$$
= \boldsymbol{\gamma}_u^{\mathrm{T}} (2\boldsymbol{a}\boldsymbol{a}^{\mathrm{T}} h\triangle) \boldsymbol{\gamma}_u + \boldsymbol{\gamma}_v^{\mathrm{T}} (2\boldsymbol{b}\boldsymbol{b}^{\mathrm{T}} h\triangle) \boldsymbol{\gamma}_v + \boldsymbol{\gamma}_u^{\mathrm{T}} (\boldsymbol{b}\boldsymbol{b}^{\mathrm{T}} h\triangle) \boldsymbol{\gamma}_u
$$
$$
\quad + \boldsymbol{\gamma}_u^{\mathrm{T}} (\boldsymbol{b}\boldsymbol{a}^{\mathrm{T}} h\triangle) \boldsymbol{\gamma}_v + \boldsymbol{\gamma}_v^{\mathrm{T}} (\boldsymbol{a}\boldsymbol{b}^{\mathrm{T}} h\triangle) \boldsymbol{\gamma}_u + \boldsymbol{\gamma}_v^{\mathrm{T}} (\boldsymbol{a}\boldsymbol{a}^{\mathrm{T}} h\triangle) \boldsymbol{\gamma}_v
$$
$$
= \begin{bmatrix} \boldsymbol{\gamma}_u^{\mathrm{T}} & \boldsymbol{\gamma}_v^{\mathrm{T}} \end{bmatrix} \begin{bmatrix} H_\mu^{uu} & H_\mu^{uv} \\ H_\mu^{vu} & H_\mu^{vv} \end{bmatrix} \begin{bmatrix} \boldsymbol{\gamma}_u \\ \boldsymbol{\gamma}_v \end{bmatrix}
$$

章 末 問 題 解 答　　*171*

【4】 (1) $K\boldsymbol{e} = \boldsymbol{0}$ であるので，$\boldsymbol{e}$ は行列 K の零空間の要素である。ベクトル $\boldsymbol{e}$ は，すべての節点が同じ変位を持つことを意味しており，ビームの並進移動を表す。並進移動のみが生じるとき，ビームは変形しないので，弾性力は $\boldsymbol{0}$ である。

(2) $J_\lambda \boldsymbol{e}_x = \boldsymbol{0}$, $J_\lambda \boldsymbol{e}_y = \boldsymbol{0}$, $J_\lambda \boldsymbol{e}_\theta = \boldsymbol{0}$ ならびに $J_\mu \boldsymbol{e}_x = \boldsymbol{0}$, $J_\mu \boldsymbol{e}_y = \boldsymbol{0}$, $J_\mu \boldsymbol{e}_\theta = \boldsymbol{0}$ であるので，ラメの定数 λ, μ の値にかかわらず $(\lambda J_\lambda + \mu J_\mu)\boldsymbol{e}_x = \boldsymbol{0}$, $(\lambda J_\lambda + \mu J_\mu)\boldsymbol{e}_y = \boldsymbol{0}$, $(\lambda J_\lambda + \mu J_\mu)\boldsymbol{e}_\theta = \boldsymbol{0}$ が成り立つ。ベクトル $\boldsymbol{e}_x$ は水平方向の並進移動，ベクトル $\boldsymbol{e}_y$ は垂直方向の並進移動を表す。ベクトル $\boldsymbol{e}_\theta$ は図心（点 P_1 と P_5 の中点）まわりの回転を表す。このような剛体変位のみが生じるとき，ビームは変形しないので，弾性力は $\boldsymbol{0}$ である。

剛性行列 K は正則ではないので，幾何制約が不足しているときには，式 (9.18)，(9.19) や式 (9.36) を解くことができない。

【5】 稜線 P_1P_4 に関する幾何制約は $A_f^{\mathrm{T}} \boldsymbol{u}_{\mathrm{N}} = \boldsymbol{0}_8$ で表される。行列 A_f は 32×8 行列で，$(1,1), (2,2), \cdots, (8,8)$ 要素が 1，それ以外の要素は 0 である。稜線 $P_{14}P_{15}$ に関する幾何制約は $A_p^{\mathrm{T}} \boldsymbol{u}_{\mathrm{N}} - \boldsymbol{p}(t) = \boldsymbol{0}_4$ で表される。行列 A_p は 32×4 行列で，$(27,1)$，$(28,2)$, $(29,3)$, $(30,4)$ 要素が 1，それ以外の要素は 0 である。また

$$\boldsymbol{p}(t) = \begin{cases} [0,\, -v_p t,\, 0,\, -v_p t]^{\mathrm{T}} & (t \in [0,\, t_p]) \\ [0,\, -v_p t_p,\, 0,\, -v_p t_p]^{\mathrm{T}} & (t \in [t_p,\, t_p + t_h]) \end{cases}$$

時間区間 $[0,\, t_p + t_h]$ では，運動方程式と制約安定化の式をまとめた常微分方程式

$$\begin{bmatrix} M & -A_f^{\mathrm{T}} & -A_p^{\mathrm{T}} \\ -A_f & & \\ -A_p & & \end{bmatrix} \begin{bmatrix} \dot{\boldsymbol{v}}_{\mathrm{N}} \\ \boldsymbol{\lambda}_f \\ \boldsymbol{\lambda}_p \end{bmatrix} = \begin{bmatrix} -K\boldsymbol{u}_{\mathrm{N}} - B\boldsymbol{v}_{\mathrm{N}} \\ A_f^{\mathrm{T}}(2\alpha \boldsymbol{v}_{\mathrm{N}} + \alpha^2 \boldsymbol{u}_{\mathrm{N}}) \\ 2\alpha(A_p^{\mathrm{T}} \boldsymbol{v}_{\mathrm{N}} - \dot{\boldsymbol{p}}) + \alpha^2(A_p^{\mathrm{T}} \boldsymbol{u}_{\mathrm{N}} - \boldsymbol{p}) \end{bmatrix}$$

を数値的に解く。時刻 $t_p + t_h$ 以降は

$$\begin{bmatrix} M & -A_f^{\mathrm{T}} \\ -A_f & \end{bmatrix} \begin{bmatrix} \dot{\boldsymbol{v}}_{\mathrm{N}} \\ \boldsymbol{\lambda}_f \end{bmatrix} = \begin{bmatrix} -K\boldsymbol{u}_{\mathrm{N}} - B\boldsymbol{v}_{\mathrm{N}} \\ A_f^{\mathrm{T}}(2\alpha \boldsymbol{v}_{\mathrm{N}} + \alpha^2 \boldsymbol{u}_{\mathrm{N}}) \end{bmatrix}$$

を数値的に解く。

物理量を g, cm, ms で表す。物体のヤング率を $10\,\mathrm{g/(cm \cdot ms^2)}$，粘性率を $0.40\,\mathrm{g/(cm \cdot ms)}$，ポアソン比を 0.48，密度を $1.0\,\mathrm{g/cm^3}$ とする。物体の大きさを $30\,\mathrm{cm} \times 30\,\mathrm{cm}$，厚さを $1.0\,\mathrm{cm}$ とする。また，t_p, t_h の値を $1000\,\mathrm{ms}$，押し込み量を $8.0\,\mathrm{cm}$ とする。このときの計算結果を**解図 9.1** に示す。時間区間 $[0,\, t_p]$ で稜線 $P_{14}P_{15}$ が下方に押され，変形が生じる（解図 (a)〜(c)）。その後，時間 t_h の間，形状はほとんど変化しない（解図 (d)）。保持を解放すると，形状が大きく変化する（解図 (e)〜(g)）。時間の経過とともに，物体の形状は初期形状に戻る（解図 (h)）。

メッシュを細かくすることにより，より正確な変形を計算することができる（**解図**

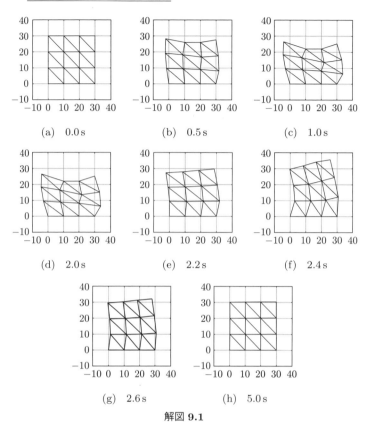

解図 9.1

9.2)。ただし、各時刻における変形形状は、メッシュに依存する。

材料の特性を三要素モデル ($E = 10\,\mathrm{g/(cm\cdot ms^2)}$, $c_1 = 0.40\,\mathrm{g/(cm\cdot ms)}$, $c_2 = 2\times 10^4\,\mathrm{g/(cm\cdot ms)}$, $\nu = 0.48$, $\rho = 1.0\,\mathrm{g/cm^3}$) でモデル化する。運動方程式と制約安定化の式をまとめた前述の常微分方程式において、$-K\boldsymbol{u}_\mathrm{N} - B\boldsymbol{v}_\mathrm{N}$ を $-\boldsymbol{f}_\lambda - \boldsymbol{f}_\mu$ に置き換え、さらに常微分方程式

$$\dot{\boldsymbol{f}}_\lambda = -\frac{\lambda}{\lambda_1^v + \lambda_2^v}\boldsymbol{f}_\lambda + \frac{\lambda\lambda_2^v}{\lambda_1^v + \lambda_2^v}J_\lambda \boldsymbol{v}_\mathrm{N} + \frac{\lambda_1^v \lambda_2^v}{\lambda_1^v + \lambda_2^v}J_\lambda \dot{\boldsymbol{v}}_\mathrm{N}$$

$$\dot{\boldsymbol{f}}_\mu = -\frac{\mu}{\mu_1^v + \mu_2^v}\boldsymbol{f}_\mu + \frac{\mu\mu_2^v}{\mu_1^v + \mu_2^v}J_\mu \boldsymbol{v}_\mathrm{N} + \frac{\mu_1^v \mu_2^v}{\mu_1^v + \mu_2^v}J_\mu \dot{\boldsymbol{v}}_\mathrm{N}$$

を追加する。常微分方程式を解き、変形を計算した結果を**解図 9.3** に示す。変形形状は初期形状に戻らず、塑性変形が生じている。

【6】 区間 $[0, L]$ に等間隔で n 個の節点を置く。すなわち、区間長は $h = L/(n-1)$

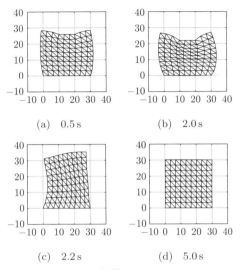

解図 **9.2**

であり, $s_k = (k-1)h$ $(k = 1, 2, \cdots, n)$ である。区間 $[s_k, s_{k+1}]$ で $\theta(s) = \theta_k N_{k,k+1}(s) + \theta_{k+1} N_{k+1,k}(s)$ と近似できる。したがって

$$U = U_1 + U_2 + \cdots + U_n$$
$$U_k \triangleq \int_{s_k}^{s_{k+1}} \frac{1}{2} R \left(\frac{d\theta}{ds}\right)^2 ds = \frac{1}{2} R \frac{(\theta_j - \theta_i)^2}{h}$$

また

$$C_k \triangleq \int_{s_k}^{s_{k+1}} \cos \theta(s) \, ds = \int_{s_k}^{s_{k+1}} \cos \{\theta_k N_{k,k+1}(s) + \theta_{k+1} N_{K+1,k}(s)\} \, ds$$
$$S_k \triangleq \int_{s_k}^{s_{k+1}} \sin \theta(s) \, ds = \int_{s_k}^{s_{k+1}} \sin \{\theta_k N_{k,k+1}(s) + \theta_{k+1} N_{k+1,k}(s)\} \, ds$$

とおくと

$$x(L) = C_1 + C_2 + \cdots C_{n-1}$$
$$y(L) = S_1 + S_2 + \cdots S_{n-1}$$

である。積分 C_k, S_k の値は, 数値積分により計算することができる。以上の計算より, ポテンシャルエネルギー U, 制約 $X = x(L) - l$ ならびに $Y = y(L)$ は, $\theta_1, \theta_2, \cdots, \theta_n$ の関数であることがわかる。すなわち, $\theta_1, \theta_2, \cdots, \theta_n$ の値を与えるとエネルギーと制約の値を計算できる。したがって

$$\min \ U(\theta_1, \theta_2, \cdots, \theta_n)$$

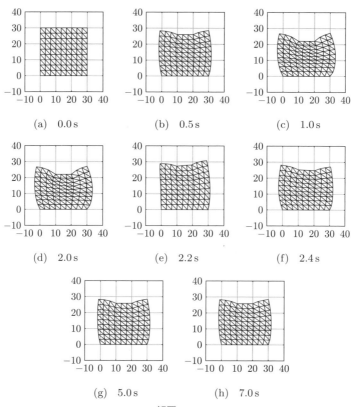

解図 9.3

$$\text{subject to} \quad \theta_1 = 0, \quad \theta_n = 0$$
$$X(\theta_1, \theta_2, \cdots, \theta_n) = 0$$
$$Y(\theta_1, \theta_2, \cdots, \theta_n) = 0$$

を解くことにより，$\theta_0, \theta_1, \cdots, \theta_n$ の値を求めることができる．$L = 10.0$, $l = 7.0$, $R = 1.0$ と設定し，区間 $[0, L]$ を 20 区間に等分割して $\theta(s)$ を計算する．上記の最適化問題を数値的に計算した結果を**解図 9.4** に示す．

$l = 3.0$ に対して計算した結果を**解図 9.5** に示す．

【7】 (1) δU を計算すると

$$\delta U = \int_0^L \frac{1}{2} EA \left\{ 2 \frac{\mathrm{d}u}{\mathrm{d}x} \frac{\mathrm{d}\delta u}{\mathrm{d}x} + \left(\frac{\mathrm{d}\delta u}{\mathrm{d}x} \right)^2 \right\} \mathrm{d}x$$

高次の項を無視し部分積分を用いると

章 末 問 題 解 答   *175*

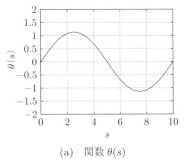
(a) 関数 $\theta(s)$

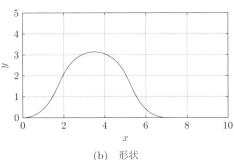
(b) 形状

解図 **9.4**

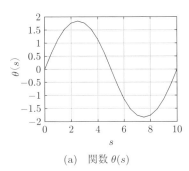
(a) 関数 $\theta(s)$

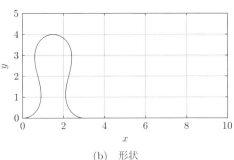
(b) 形状

解図 **9.5**

$$\delta U = \int_0^L EA \frac{\mathrm{d}u}{\mathrm{d}x} \frac{\mathrm{d}\delta u}{\mathrm{d}x}\, \mathrm{d}x$$
$$= \left[EA \frac{\mathrm{d}u}{\mathrm{d}x} \delta u \right]_{x=0}^{x=L} - \int_0^L \frac{\mathrm{d}}{\mathrm{d}x}\left(EA \frac{\mathrm{d}u}{\mathrm{d}x} \right) \delta u\, \mathrm{d}x$$

$\delta u(0) = 0$ なので，上式右辺の第 1 項は $E(L)A(L)\,\mathrm{d}u/\mathrm{d}x(L)\,\delta u(L)$ に等しい．

(2) δW を計算すると
$$\delta W = f\left(u(L) + \delta u(L) \right) - f\, u(L) = f\, \delta u(L)$$

(3) 省略

【8】 角度 θ の回転が生じるとき，点 P(x, y) の変位ベクトルは
$$\begin{bmatrix} u \\ v \end{bmatrix} = \begin{bmatrix} C_\theta & -S_\theta \\ S_\theta & C_\theta \end{bmatrix} \begin{bmatrix} x \\ y \end{bmatrix} - \begin{bmatrix} x \\ y \end{bmatrix}$$

このとき $u_x = C_\theta - 1$, $u_y = -S_\theta$, $v_x = S_\theta$, $v_y = C_\theta - 1$ であるので

176　　　章 末 問 題 解 答

$$E_{xx} = (C_\theta - 1) + \frac{1}{2}\left\{(C_\theta - 1)^2 + (S_\theta)^2\right\} = 0$$

$$E_{yy} = (C_\theta - 1) + \frac{1}{2}\left\{(-S_\theta)^2 + (C_\theta - 1)^2\right\} = 0$$

$$2E_{xy} = (-S_\theta) + S_\theta + (C_\theta - 1)(-S_\theta) + S_\theta(C_\theta - 1) = 0$$

となる。すなわち，グリーンひずみには回転が影響しない。一方，$\varepsilon_{xx} = C_\theta - 1$，$\varepsilon_{yy} = C_\theta - 1$，$2\varepsilon_{xy} = 0$ となるので，コーシーひずみには回転が影響することがわかる。

10 章

【1】 X の平均と分散を計算する。X の確率密度関数が式 (10.2) で与えられるので

$$\mu = E[X] = \int_0^1 x \cdot 1 \, \mathrm{d}x = \frac{1}{2}$$

$$\sigma^2 = E\left[\left(X - \frac{1}{2}\right)^2\right] = \int_0^1 \left(x - \frac{1}{2}\right)^2 \cdot 1 \, \mathrm{d}x = \frac{1}{12}$$

Y の平均と分散を計算する。式 (10.7) を用いると

$$\mu = E[Y] = E[(b-a)X + a] = (b-a)E[X] + a = \frac{a+b}{2}$$

$$\sigma^2 = E\left[\left(Y - \frac{a+b}{2}\right)^2\right] = E\left[(b-a)^2\left(X - \frac{1}{2}\right)^2\right] = \frac{(b-a)^2}{12}$$

【2】 式 (10.3) より

$$\mu = \frac{1}{\sqrt{2\pi}} \int_{-\infty}^{\infty} x \exp\left(-\frac{x^2}{2}\right) \mathrm{d}x$$

被積分関数は奇関数であるので，積分の値は 0 である。したがって，$\mu = 0$ となる。

$$\sqrt{2\pi}\sigma^2 = \int_{-\infty}^{\infty} x^2 \exp\left(-\frac{x^2}{2}\right) \mathrm{d}x$$

$$= \left[x\left\{-\exp\left(-\frac{x^2}{2}\right)\right\}\right]_{x=-\infty}^{x=\infty} + \int_{-\infty}^{\infty} \exp\left(-\frac{x^2}{2}\right) \mathrm{d}x$$

第 1 項は 0 である。変数変換 $x/\sqrt{2} = y$ を用いると

$$\int_{-\infty}^{\infty} \exp\left(-\frac{x^2}{2}\right) \mathrm{d}x = \sqrt{2} \int_{-\infty}^{\infty} e^{-y^2} \mathrm{d}y = \sqrt{2\pi}$$

したがって，$\sigma^2 = 1$。

【3】 N 個の乱数 $x \sim U(0, a)$，$y \sim U(0, 1)$ を発生させ，$y \leqq 1/(1 + x^2)$ を満たす個数を M とする。積分の値は，$(M/N)a$ で与えられる。計算結果 $(N = 10^7)$ と解析解 $\tan^{-1} a$ を**解図 10.1** に示す。

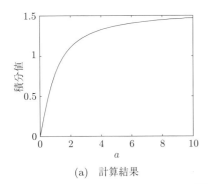 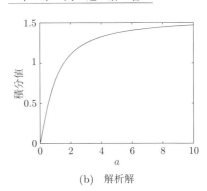

(a) 計算結果　　　　　　　　(b) 解析解

解図 **10.1**

索　引

【あ】

アルゴリズム　　　　　　3

【い】

位相図　　　　　　　　12
一様分布　　　　　　129
一様乱数　　　　11, 130
入れ子関数　　　　　11

【う】

上三角行列　　　36, 60
運動エネルギー　　81,
　　　　　　109, 120
運動方程式　　16, 17,
　　19, 82, 85, 87
　ラグランジュの—　82, 83

【お】

オイラー法　　　　　19
帯行列　74, 108, 111, 155

【か】

解析解　　　　　　　1
解析的に解く　1, 13, 78, 81
ガウスの消去法　　　33
ガウス分布　　　　130
拡張ラグランジュ
　関数　　　　94, 165
確率変数　　　　　129
確率密度関数　　　129
過拘束　　　　　　52
硬い常微分方程式　30
可変ステップ幅　8, 22
慣性行列　　111, 120

【き】

基本変形　　　　　　6
　行に関する—　　6, 34
　列に関する—　　6, 55
キューン・タッカー条件　94
境界条件　　　　　103
境界値問題　　　　103
行に関する基本変形　6, 34
行ベクトル　　　　　4
行　列　　　　　　　4
　—の行　　　　　5
　—の列　　　　　5
近　似　　　　　　63

【く】

区分線形補間　65, 67, 69,
　　　104, 114, 120
グラム・シュミットの
　直交化　　　　　59
グリーンひずみ　　127

【け】

計算誤差　　　　　　2
計算の複雑性　　　　2
係数行列　　　　6, 34

【こ】

剛性行列　105, 107, 118
勾配ベクトル　17, 26, 94
コーシーひずみ　　128
固定ステップ幅　7, 21
固有値　　　　63, 64
固有ベクトル　63, 64
コレスキー分解　6, 51

【さ】

最小化問題　　　78, 89
　制約付き—　　13, 79,
　　　　　94, 106
最速降下曲線　　　100
作用積分　　　　82, 84
三重対角行列　　　155
三要素モデル　　　122

【し】

四元数　　　　　　87
仕　事　　77, 81, 104
自然スプライン補間　72
下三角行列　　　　37
射　影　　　　　　52
射影行列　　　54, 57
重力ポテンシャル　77,
　エネルギー　81, 125
乗数法　　　　　　94
状態変数　　　　　16
　—ベクトル　　23
冗　長　　　　　　47
常微分方程式　　6, 15
　硬い—　　　　30
　—の初期値　　16
　—の標準形　7, 16, 19, 23
初期値　　　　　　16
初期値問題　　　　103

【す】

数値解　　　　　　1
数値的に解く　　1, 13, 19,
　　78, 81, 83, 85
図　心　　　　90, 171

索　　　引　　179

ステップ幅　　　19
　可変—　　　8, 22
　固定—　　　7
スプライン補間　　71
スラック変数　　96

【せ】

正規直交系　　57
正規分布　　130
正規方程式　　54
正規乱数　　11, 130
正定対称行列　6, 51, 54, 74
制　約　　17, 18, 94
　等式—　　94
　パフィアン—　　18, 26
　非ホロノミック—　　18
　不等式—　　96
　ホロノミック—　　17, 23
制約安定化法　23, 111, 121
制約付き最小化問題　13, 79,
　　94, 106
制約力　　26, 80, 111, 119
静力学の変分原理　77, 104
接続行列　　115
　部分—　　115
節　点　　104
　—速度ベクトル　　112
　—変位ベクトル　　105
　—力　　123

【そ】

疎行列　　118, 121

【た】

大域変数　　10
単位置換行列　　45
弾性ポテンシャル
　エネルギー　104, 113
単　体　　70, 90

【ち】

置換行列　　46
直交行列　57, 60, 64, 87

【て】

転　置　　5

【と】

等式制約　　94, 164, 166
動力学の変分原理　　81
特異値分解　　64

【な】

内部エネルギー　78, 104

【ね】

ネルダー・ミード法　9, 90

【の】

ノルム最小解　　61

【は】

パフィアン制約　18, 26
汎関数　　104

【ひ】

ひずみベクトル　　113
ピボット　　33, 42
ピボット型 LU 分解　42
ピボット選択型 LU 分解　47
非ホロノミック制約　18
標準形　　7, 16

【ふ】

ファンデルポール方程式　6
フォークトモデル　　121
符号付き体積　　69
符号付き面積　　68
不等式制約　96, 165, 166
部分行列　　5
部分接続行列　　115

【へ】

ヘッセ行列　　138, 144
変位ベクトル　　112
変数ベクトル　　34, 89

【ほ】

偏微分方程式　　103
　—の境界値問題　　103
変　分　　78, 80, 127

【ほ】

ホイン法　　19
補　間　　65
ホロノミック制約　17, 23,
　　83, 87, 109

【ま】

曲げポテンシャル
　エネルギー　　86
マックスウェルモデル　122

【め】

メルセンヌ・ツイスター　12

【も】

目的関数　89, 164, 166
モンテカルロ法　　131

【ゆ】

有限要素法　　102

【ら】

ラグランジアン　81, 83, 111
ラグランジュの　　82, 83,
　運動方程式　111, 121
ラグランジュの　13, 26, 79,
　未定乗数　83, 107, 111
ラメの定数　　113
乱　数　　12, 130

【り】

リンク機構　29, 30, 85

【る】

ルンゲ・クッタ・
　フェールベルグ法　21
ルンゲ・クッタ法　19

【れ】

列に関する基本変形　6, 55
列ベクトル　4

連立一次方程式　32, 107, 109, 112, 119, 121
—が過拘束　52
—が冗長　47
—の一般解　50

【ろ】

ローゼンブロック関数　8, 12

【C】

chol　6
CSM　23

【F】

FEM　102
fminbnd　78, 168
fmincon　13, 78, 81
fminsearch　9

【L】

lu　47
LU 分解　6, 38
　ピボット型—　42
　ピボット選択型—　47

【O】

ODE　6
ODE ソルバー　6, 144

odeset　144
ode23tb　30
ode45　7
optimset　9, 166

【P】

PD 制御　29
PID 制御　29, 85
plot　8, 12

【Q】

qr　61
QR 分解　60

【R】

rand　12, 130
randn　130
rank　61, 151
rng　12

【S】

spdiags　155
SVD　64
svd　64

【T】

transpose　5

【記号】

'　5
,　4
.*　12
...　4
./　12
.^　12
:　5
;　4
\　6

―― 著者略歴 ――

- 1985年 京都大学工学部数理工学科卒業
- 1987年 京都大学大学院工学研究科修士課程修了（数理工学専攻）
- 1989年 マサチューセッツ工科大学客員研究員
- 1990年 京都大学大学院工学研究科博士課程単位取得退学（数理工学専攻）
- 1991年 工学博士（京都大学）
- 1995年 大阪大学助教授
- 1996年 立命館大学助教授
- 2002年 立命館大学教授
- 現在に至る

機械システム学のための数値計算法 ―MATLAB版―
Numerical Methods for Mechanical Systems ―MATLAB version―

Ⓒ Shinichi Hirai 2019

2019 年 11 月 28 日 初版第 1 刷発行 ★

	著　者	平　井　慎　一
検印省略	発行者	株式会社　コロナ社
		代表者　牛来真也
	印刷所	三美印刷株式会社
	製本所	有限会社　愛千製本所

112–0011 東京都文京区千石 4–46–10
発行所　株式会社　コロナ社
CORONA PUBLISHING CO., LTD.
Tokyo Japan
振替 00140-8-14844・電話(03)3941-3131(代)
ホームページ　https://www.coronasha.co.jp

ISBN 978-4-339-06119-2　C3041　Printed in Japan　　（新井）

〈出版者著作権管理機構　委託出版物〉
本書の無断複製は著作権法上での例外を除き禁じられています。複製される場合は，そのつど事前に，出版者著作権管理機構（電話 03-5244-5088, FAX 03-5244-5089, e-mail: info@jcopy.or.jp）の許諾を得てください。

本書のコピー，スキャン，デジタル化等の無断複製・転載は著作権法上での例外を除き禁じられています。購入者以外の第三者による本書の電子データ化及び電子書籍化は，いかなる場合も認めていません。
落丁・乱丁はお取替えいたします。

ロボティクスシリーズ

（各巻A5判，欠番は品切です）

■編集委員長　有本　卓
■幹　　　事　川村貞夫
■編集委員　石井　明・手嶋教之・渡部　透

配本順				頁	本体
1.（5回）	ロボティクス概論	有本　卓編著		176	2300円
2.（13回）	電気電子回路 ―アナログ・ディジタル回路―	杉山　克進 田中彦 小西　聡 共著		192	2400円
3.（12回）	メカトロニクス計測の基礎	石井　明 木股雅章 金子　透 共著		160	2200円
4.（6回）	信号処理論	牧川方昭著		142	1900円
5.（11回）	応用センサ工学	川村貞夫編著		150	2000円
6.（4回）	知能科学 ―ロボットの"知"と"巧みさ"―	有本　卓著		200	2500円
7.	モデリングと制御	平井慎一 坪内孝司 秋下貞夫 共著			
8.（14回）	ロボット機構学	永井　清 土橋宏規 共著		140	1900円
9.	ロボット制御システム	玄　相昊編著			
10.（15回）	ロボットと解析力学	有本　卓 田原健二 共著		204	2700円
11.（1回）	オートメーション工学	渡部　透著		184	2300円
12.（9回）	基礎　福祉工学	手嶋教之 米本清 相川訓朗 相良佐紀 糟谷紀 共著		176	2300円
13.（3回）	制御用アクチュエータの基礎	川村貞夫 野方誠 田所論 早川弘 松浦裕 共著		144	1900円
15.（7回）	マシンビジョン	石井　明 斉藤文彦 共著		160	2000円
16.（10回）	感覚生理工学	飯田健夫著		158	2400円
17.（8回）	運動のバイオメカニクス ―運動メカニズムのハードウェアとソフトウェア―	牧川方昭 吉田正樹 共著		206	2700円
18.（16回）	身体運動とロボティクス	川村貞夫編著		144	2200円

定価は本体価格+税です。
定価は変更されることがありますのでご了承下さい。

図書目録進呈◆

機械系教科書シリーズ

(各巻A5判，欠番は品切です)

■編集委員長　木本恭司
■幹　　事　平井三友
■編集委員　青木　繁・阪部俊也・丸茂榮佑

配本順	書名	著者	頁	本体
1.（12回）	機械工学概論	木本恭司　編著	236	2800円
2.（1回）	機械系の電気工学	深野あづさ　著	188	2400円
3.（20回）	機械工作法（増補）	平井三友・和田任弘・塚本英孝　共著	208	2500円
4.（3回）	機械設計法	朝比奈奎孝・黒田孝春・荒井正藏　共著	264	3400円
5.（4回）	システム工学	古荒吉浜　共著	216	2700円
6.（5回）	材料学	久保井徳恵・樫原恵　共著	218	2600円
7.（6回）	問題解決のための Cプログラミング	佐中次郎・藤村理一　共著	218	2600円
8.（7回）	計測工学	前田・田村・押野・牧野　共著	220	2700円
9.（8回）	機械系の工業英語	牧野州秀・水橋　共著	210	2500円
10.（10回）	機械系の電子回路	高阪・丸木　共著	184	2300円
11.（9回）	工業熱力学	丸木・藪　共著	254	3000円
12.（11回）	数値計算法	伊井・藤田　共著	170	2200円
13.（13回）	熱エネルギー・環境保全の工学	木本・山崎　共著	240	2900円
15.（15回）	流体の力学	坂本・坂田　共著	208	2500円
16.（16回）	精密加工学	田口・明石　共著	200	2400円
17.（30回）	工業力学（改訂版）	吉村靖夫・内山　共著	240	2800円
18.（31回）	機械力学（増補）	青木　繁　著	204	2400円
19.（29回）	材料力学（改訂版）	中島正貴　著	216	2700円
20.（21回）	熱機関工学	越智敏明・老固智光　共著	206	2600円
21.（22回）	自動制御	阪部俊也・飯田賢一　共著	176	2300円
22.（23回）	ロボット工学	早川恭弘・樫野順一　共著	208	2600円
23.（24回）	機構学	矢重松洋男　共著	202	2600円
24.（25回）	流体機械工学	小池　勝　著	172	2300円
25.（26回）	伝熱工学	丸茂榮佑・矢尾匡永・牧野州秀　共著	232	3000円
26.（27回）	材料強度学	境田彰芳　編著	200	2600円
27.（28回）	生産工学 ―ものづくりマネジメント工学―	本位田光重郎・皆川健多郎　共著	176	2300円
28.	CAD／CAM	望月達也　著		

定価は本体価格+税です。
定価は変更されることがありますのでご了承下さい。

図書目録進呈◆

機械系コアテキストシリーズ

（各巻A5判）

■編集委員長　金子 成彦
■編集委員　大森 浩充・鹿園 直毅・渋谷 陽二・新野 秀憲・村上 存（五十音順）

	配本順		著者	頁	本体
材料と構造分野
A-1	（第1回）	材　料　力　学	渋谷 陽二・中谷 彰宏 共著	348	3900円
運動と振動分野
B-1		機　械　力　学	吉村 卓也・松村 雄一 共著		
B-2		振　動　波　動　学	金子 成彦・姫野 武洋 共著		
エネルギーと流れ分野
C-1	（第2回）	熱　　力　　学	片岡 勲・吉田 憲司 共著	180	2300円
C-2	（第4回）	流　体　力　学	鈴木 康方・関谷 直樹・彭 義國・松島 均・沖田 浩平 共著	222	2900円
C-3		エネルギー変換工学	鹿園 直毅 著		
情報と計測・制御分野
D-1		メカトロニクスのための計測システム	中澤 和夫 著		
D-2		ダイナミカルシステムのモデリングと制御	髙橋 正樹 著		
設計と生産・管理分野
E-1	（第3回）	機械加工学基礎	松村 隆・笹原 弘之 共著	168	2200円
E-2		機械設計工学	村上 存・柳澤 秀吉 共著	近刊	

定価は本体価格＋税です。
定価は変更されることがありますのでご了承下さい。

‖‖‖‖‖‖‖‖‖‖‖‖‖‖‖‖‖‖‖‖‖‖‖‖‖‖　図書目録進呈◆